IFRS
Demonstrações financeiras
UM GUIA PARA EXECUTIVOS

IFRS
Demonstrações financeiras

UM GUIA PARA EXECUTIVOS

2013
Inclui comparação com o SNC
(regime geral e pequenas entidades)

Ana Isabel Morais
Professora Associada do ISEG

Isabel Costa Lourenço
Professora Associada do ISCTE-IUL

IFRS
DEMONSTRAÇÕES FINANCEIRAS
UM GUIA PARA EXECUTIVOS
AUTORES
Ana Isabel Morais
Isabel Costa Lourenço
EDITOR
EDIÇÕES ALMEDINA, S.A.
Rua Fernandes Tomás, nos 76-80
3000-167 Coimbra
Tel.: 239 851 904 · Fax: 239 851 901
www.almedina.net · editora@almedina.net
DESIGN DE CAPA
FBA.
PRÉ-IMPRESSÃO
EDIÇÕES ALMEDINA, S.A.
IMPRESSÃO E ACABAMENTO
PENTAEDRO, LDA.
Janeiro, 2013
DEPÓSITO LEGAL
353994/13

Apesar do cuidado e rigor colocados na elaboração da presente obra, devem os diplomas legais dela constantes ser sempre objecto de confirmação com as publicações oficiais.
Toda a reprodução desta obra, por fotocópia ou outro qualquer processo, sem prévia autorização escrita do Editor, é ilícita e passível de procedimento judicial contra o infractor.

BIBLIOTECA NACIONAL DE PORTUGAL – CATALOGAÇÃO NA PUBLICAÇÃO
MORAIS, Ana Isabel
IFRS: Demonstrações financeiras
Ana Isabel Morais, Isabel Costa Lourenço
ISBN 978-972-40-5050-8
I – LOURENÇO, Isabel Costa
CDU 657
      658

PREFÁCIO

O processo de globalização alterou profundamente a forma de ação das atividades económicas, aumentando o risco dos agentes de mercado e forçando-os a modelos de gestão mais eficazes e tomadas de decisão suportadas em melhor informação. Este ambiente global e competitivo em termos económicos arrastou consigo a mundialização dos sistemas de informação e, em particular, a necessidade em aproximar a forma de relatar as contas das diversas entidades independentemente da sua localização.

Esta deslocalização de forças produtivas tornou-se uma realidade, passando um cada vez maior número de empresas a operar numa base mundial, o que se traduziu num passo para a deslocalização financeira, que associada ao significativo avanço nas tecnologias, conferiu aos mercados financeiros uma profunda mobilidade dos seus capitais, quer ao nível da liquidez, quer da facilidade de acesso por parte das empresas a esses mercados em todo o mundo, com uma clara diversificação internacional das carteiras dos investidores.

O sistema contabilístico, como o único suporte capaz de proporcionar credibilidade à informação financeira divulgada pelas entidades, não poderia estar alheio a estes fenómenos globais. Foi forçado a abandonar modelos informacionais centrados na perspetiva local de cada país, em favor de sistemas transnacionais capazes de proporcionar informação, credível, compreensível e comparável para que seja mais útil às múltiplas categorias de agentes que operam nesses mercados.

Portugal, como membro de pleno direito da União Europeia, não poderia ficar alheio a esta realidade mundial. Neste sentido e como lhe compete, tem vindo a seguir da perto e a adotar as disposições comunitárias emanadas neste contexto, facto que tem provocado alterações sensíveis nos seus sistemas contabilísticos e, por conseguinte, em todos os impactos daí decorrentes, designadamente, atividade dos profissionais, ensino, relato financeiro das entidades.

Um dos marcos importantes diz respeito à aplicação do normativo contabilístico internacional na União Europeia quando, no ano de 2002, foi aprovado o Regulamento CE nº 1606/2002 do Parlamento Europeu e do Conselho, de 19 de Julho, e subsequentemente, entre nós o Decreto-Lei 35/2005, de 17 de Fevereiro, onde se estabelecia que um conjunto de entidades com títulos cotados ou em processo de admissão, deveriam elaborar as suas demonstrações financeiras em observância das normas internacionais de contabilidade (IAS), atualmente designadas por normas internacionais de relato financeiro (IFRS).

Mais tarde, em 2009, através do decreto-lei 158/2009 de 13 de julho, é aprovado o Sistema de Normalização Contabilística (SNC) que transpõe para a generalidade das empresas as bases subjacentes ao normativo internacional de contabilidade, garantindo o que seu relato financeiro se harmonize numa base global.

A presente obra, IFRS Demonstrações Financeiras, das professoras universitárias Ana Isabel e Isabel Lourenço incide sobre aquela temática de grande relevância nacional, para o meio académico, para os profissionais e para todos os que, embora não diretamente relacionados com esta área de saber, necessitem ou tenham interesse em desenvolver um conhecimento mais sustentado dos conceitos financeiros fundamentais para que melhor possam compreender a situação financeira e o desempenho das entidades no exercício das suas atividades, independentemente da sua finalidade lucrativa ou não lucrativa.

A sua sólida formação e experiência académicas associadas à experiência profissional constituem os alicerces que tornam a presente obra uma referência no campo da divulgação do conhecimento em contabilidade, quer pela forma como sistematiza as matérias, quer pelo seu conteúdo bem suportado e apresentado de forma clarividente.

Focalizada na explicitação da forma e conteúdo das demonstrações financeiras, a presente obra contribui, sem dúvida, para uma melhor compreensão dos objetivos e finalidades destes instrumentos de gestão, independentemente da formação de base do leitor. Os múltiplos exemplos práticos apresentados de forma oportuna ao longo do livro foram criteriosamente selecionados para atingir esse desiderato. O confronto entre as disposições das normas internacionais com as consignadas no SNC alarga o leque de compreensão e constitui também um contributo relevante para o conhecimento das caraterísticas subjacentes a cada um dos referidos normativos.

Também para os mais informados em matéria de relato financeiro, a presente obra constitui um instrumento de melhoria de conhecimento e de ajuda às suas atividades de ensino, aprendizagem, prestação de contas ou análise e interpretação das mesmas.

Não podia terminar sem deixar de saudar as autoras pelo seu excelente contributo para a melhoria das nossas qualificações e competências e o voto de que a presente obra venha a ter o sucesso que merece e que o país necessita.

Lisboa, janeiro de 2013

J. AZEVEDO RODRIGUES
Prof. Associado Convidado ISCTE
Bastonário OROC

INDICE

1. INTRODUÇÃO	15
2. DEMONSTRAÇÕES FINANCEIRAS	21
2.1. Definição e objetivo	21
2.2. Demonstrações financeiras obrigatórias	22
2.3. Identificação das demonstrações financeiras	24
2.4. Período de relato das demonstrações financeiras	25
2.5. Principais diferenças entre as IAS/IFRS e o SNC	25
3. DEMONSTRAÇÃO DA POSIÇÃO FINANCEIRA	27
3.1. Caracterização dos elementos	28
3.1.1. Ativos	28
3.1.1.1. Conceito	28
3.1.1.2. Critérios de reconhecimento	30
3.1.2. Passivos	31
3.1.2.1. Conceito	31
3.1.2.2. Critérios de reconhecimento	33
3.1.3. Capital próprio	34
3.2. Apresentação dos elementos	35
3.2.1. Classificação	35
3.2.2. Conteúdo mínimo	37
3.3. Mensuração dos elementos	46
3.4. Principais diferenças entre as IAS/IFRS e o SNC	48
4. DEMONSTRAÇÃO DO RENDIMENTO INTEGRAL	49
4.1. Caracterização dos elementos	49
4.1.1. Rendimentos	50

4.1.1.1. Conceito		50
4.1.1.2. Critérios de reconhecimento		50
4.1.2. Gastos		51
4.1.2.1. Conceito		51
4.1.2.2. Critérios de reconhecimento		52
4.2. Apresentação dos elementos		54
4.2.1. Estrutura		54
4.2.2. Conteúdo mínimo		56
4.3. Principais diferenças entre as IAS/IFRS e o SNC		59
5. DEMONSTRAÇÃO DE ALTERAÇÕES NO CAPITAL PRÓPRIO		**61**
5.1. Apresentação dos elementos		61
5.2. Principais diferenças entre as IAS/IFRS e o SNC .		64
6. DEMONSTRAÇÃO DOS FLUXOS DE CAIXA		**65**
6.1. Caracterização dos elementos		66
6.1.1. Caixa e equivalentes a caixa		66
6.1.2. Fluxos de caixa das atividades operacionais		67
6.1.3. Fluxos de caixa das atividades de investimento		67
6.1.4. Fluxos de caixa das atividades de financiamento		68
6.2. Apresentação dos elementos		69
6.2.1. Método direto		69
6.2.2. Método indireto		70
6.3. Principais diferenças entre as IAS/IFRS e o SNC		73
7. NOTAS		**75**
7.1. Informação a divulgar		76
7.2. Principais diferenças entre as IAS/IFRS e o SNC		149
8. BIBLIOGRAFIA		**151**

ÍNDICE DE QUADROS

1.1. Normas do IASB (IAS/IFRS) — 16
1.2. Interpretações das normas do IASB (SIC/IFRIC) — 18

2.1. Demonstrações financeiras – IAS/IFRS *versus* SNC — 26

3.1. Conceitos e critérios de reconhecimento de ativos, passivos
e capital próprio — 35
3.2. Conteúdo mínimo da demonstração da posição financeira — 38
3.3. Mensuração dos ativos e dos passivos — 47
3.4. Demonstração da posição financeira – IAS/IFRS *versus* SNC — 48

4.1. Conceitos e critérios de reconhecimento de rendimentos e gastos — 54
4.2. Rendimentos e gastos a reconhecer em outro rendimento integral — 55
4.3. Conteúdo mínimo da demonstração do rendimento integral — 56
4.4. Demonstração do rendimento integral – IAS/IFRS *versus* SNC — 60

5.1. Demonstração de alterações no capital próprio – IAS/IFRS *versus* SNC — 64

6.1. Conceitos de caixa e equivalentes a caixa e de fluxos de caixa
das atividades operacionais, de investimento e de financiamento — 69
6.2. Demonstração dos fluxos de caixa – IAS/IFRS *versus* SNC — 73

7.1. Informação a divulgar — 77
7.2. Informação a divulgar – IAS/IFRS *versus* SNC — 150

ÍNDICE DE EXEMPLOS

3.1. Conceito de ativo	29
3.2. Critérios de reconhecimento de ativos	31
3.3. Conceito de passivo	33
3.4. Critérios de reconhecimento de passivos	34
3.5. Ativos correntes e não correntes	36
3.6. Passivos correntes e não correntes	37
3.7. Demonstração da posição financeira	45
4.1. Conceito de rendimento	50
4.2. Critérios de reconhecimento de rendimentos	51
4.3. Conceito de gasto	52
4.4. Critérios de reconhecimento de gastos	53
4.5. Demonstração dos resultados separada	58
4.6. Demonstração do outro rendimento integral	59
5.1. Demonstração de alterações no capital próprio	63
6.1. Conceito de caixa e equivalentes a caixa	66
6.2. Conceito de fluxos de caixa das atividades operacionais	67
6.3. Conceito de fluxos de caixa das atividades de investimento	68
6.4. Conceito de fluxos de caixa das atividades de financiamento	68
6.5. Apresentação dos fluxos de caixa das atividades operacionais pelo método direto	70
6.6. Apresentação dos fluxos de caixa das atividades operacionais pelo método indireto	71
6.7. Demonstração dos fluxos de caixa (método direto)	72

1. Introdução

Este livro foi elaborado com o objetivo de auxiliar quem prepara e quem utiliza as demonstrações financeiras, proporcionando uma visão integrada destes elementos que são essenciais para a tomada de decisões económicas. Identifica-se o conjunto de demonstrações financeiras obrigatórias e caracteriza-se o conteúdo de cada uma delas nos termos previstos nas normas do International Accounting Standards Board (IASB). Além disso, salientam-se as diferenças para o Sistema de Normalização Contabilística (SNC), regime geral e regime das pequenas entidades.

As demonstrações financeiras são uma representação estruturada da posição financeira e do desempenho financeiro de uma entidade. São elaboradas com o objetivo de proporcionar informação útil para um vasto conjunto de utilizadores na tomada de decisões económicas. Assumem-se assim como um meio privilegiado de informação entre a entidade e todos os interessados na mesma.

A forma de apresentação das demonstrações financeiras em Portugal tem sofrido algumas alterações nos últimos anos devido ao processo de convergência para as normas do IASB.

O IASB é um organismo privado de âmbito internacional criado em 1973. Tem como objetivos formular e publicar normas para a preparação e apresentação de demonstrações financeiras, promover a sua aceitação e aplicação a nível mundial de modo a atingir a harmonização internacional das práticas de elaboração da informação financeira, promover e facilitar a adoção das suas normas através da convergência com os normativos nacionais e atender às necessidades de relato financeiro das economias emergentes e das pequenas e médias entidades.

O IASB emitiu, até à data, 41 International Accounting Standards (IAS) e 13 International Financial Reporting Standards (IFRS), normas estas que designaremos por IAS/IFRS. Além destas normas, o IASB emitiu também um conjunto de interpretações, designadas por Standing Interpretation Committee (SIC) e por International Financial Reporting Committee (IFRIC). Existe ainda um outro documento emitido pelo IASB, a Estrutura Conceptual, que não sendo de aplicação obrigatória por parte das entidades identifica um conjunto de conceitos e critérios que são indispensáveis para a correta compreensão e aplicação das IAS/IFRS.

Os Quadros 1.1 e 1.2 apresentam, respetivamente, a lista das normas e das interpretações de normas que estão atualmente em vigor ou que irão entrar em vigor no futuro próximo.

QUADRO 1.1. **Normas do IASB (IAS/IFRS)**

NORMAS	DESIGNAÇÃO
IAS 1	Apresentação de demonstrações financeiras
IAS 2	Inventários
IAS 7	Demonstrações dos fluxos de caixa
IAS 8	Políticas contabilísticas, alterações nas estimativas contabilísticas e erros
IAS 10	Acontecimentos após o período de relato
IAS 11	Contratos de construção
IAS 12	Impostos sobre o rendimento
IAS 16	Ativos fixos tangíveis
IAS 17	Locações
IAS 18	Rédito
IAS 19	Benefícios dos empregados
IAS 20	Contabilização dos subsídios governamentais e divulgação de apoios gov.

NORMAS	DESIGNAÇÃO
IAS 21	Os efeitos de alterações em taxas de câmbio
IAS 23	Custos de empréstimos
IAS 24	Divulgações de partes relacionadas
IAS 26	Contabilização e relato dos planos de benefícios de reforma
IAS 27	Demonstrações financeiras separadas
IAS 28	Investimentos em associadas e em empreendimentos conjuntos
IAS 29	Relato financeiro em economias hiperinflacionárias
IAS 32	Instrumentos financeiros: apresentação
IAS 33	Resultados por ação
IAS 34	Relato financeiro intercalar
IAS 36	Imparidade de ativos
IAS 37	Provisões, passivos contingentes e ativos contingentes
IAS 38	Ativos intangíveis
IAS 39	Instrumentos financeiros: reconhecimento e mensuração
IAS 40	Propriedades de investimento
IAS 41	Agricultura
IFRS 1	Adoção pela primeira vez das normas internacionais de relato financeiro
IFRS 2	Pagamento com base em ações
IFRS 3	Concentrações de atividades empresariais
IFRS 4	Contratos de seguro
IFRS 5	Ativos não correntes detidos para venda e unidades op. descontinuadas
IFRS 6	Exploração e avaliação de recursos minerais
IFRS 7	Instrumentos financeiros: divulgações
IFRS 8	Segmentos operacionais
IFRS 9	Instrumentos financeiros
IFRS 10	Demonstrações financeiras consolidadas
IFRS 11	Acordos conjuntos
IFRS 12	Divulgações de interesses em outras entidades
IFRS 13	Mensuração pelo justo valor

QUADRO 1.2. Interpretações das normas do IASB (SIC/IFRIC)

INTERPRETAÇÕES	DESIGNAÇÃO
SIC 7	Introdução do euro
SIC 10	Apoios governamentais: sem relação específica com atividades operacionais
SIC 15	Locações operacionais: incentivos
SIC 25	Impostos sobre o Rendimento: alterações na situação fiscal de uma entidade ou dos seus acionistas
SIC 27	Avaliação da substância de transações que envolvam a forma legal de locação
SIC 29	Divulgação: acordos de concessão de serviços
SIC 31	Rédito: transações de troca direta envolvendo serviços de publicidade
SIC 32	Ativos intangíveis: custos com websites
IFRIC 1	Alterações em passivos por descomissionamento, restauro e outros semelhantes
IFRIC 2	Ações dos membros em entidades cooperativas e instrumentos semelhantes
IFRIC 4	Determinar se um acordo contém uma locação
IFRIC 5	Direitos a interesses resultantes de fundos de descomissionamento, restauro e reabilitação ambiental
IFRIC 6	Passivos decorrentes da participação em mercados específicos: resíduos de equipamento elétrico e eletrónico
IFRIC 7	Aplicar a abordagem da reexpressão prevista na IAS 29
IFRIC 9	Reavaliação de derivados embutidos
IFRIC 10	Relato financeiro intercalar e imparidade
IFRIC 12	Acordos de concessão de serviços
IFRIC 13	Programas de fidelização de clientes

INTERPRETAÇÕES	DESIGNAÇÃO
IFRIC 14	IAS 19: o Limite sobre um ativo de benefícios definidos, requisitos de financiamento mínimo e respetiva interação
IFRIC 15	Acordos para a construção de imóveis
IFRIC 16	Coberturas de um investimento líquido numa unidade operacional estrangeira
IFRIC 17	Distribuições aos proprietários de ativos que não são caixa
IFRIC 18	Transferências de ativos provenientes de clientes
IFRIC 19	Extinção de passivos financeiros através de instrumentos de capital próprio
IFRIC 20	Custos de descobertura na fase de produção de uma mina a céu aberto

Nos últimos anos, o IASB tem vindo a assumir um crescente protagonismo a nível internacional, em virtude da aplicação obrigatória das suas normas em muito países, nomeadamente os países da União Europeia, como é o caso de Portugal. Desde 1 de Janeiro de 2005 que as empresas portuguesas cotadas são obrigadas a preparar as suas demonstrações financeiras consolidadas de acordo com o disposto nas IAS/IFRS.

Mais recentemente, foi também exigido que as empresas portuguesas não sujeitas à aplicação direta das IAS/IFRS, o passassem a fazer indiretamente através da aplicação das normas que compreendem o Sistema de Normalização Contabilística (SNC), regime geral ou regime das pequenas entidades, cujo conteúdo segue muito de perto o conteúdo das IAS/IFRS.

A principal IAS/IFRS sobre as demonstrações financeiras é a IAS 1. Esta norma identifica as demonstrações financeiras obrigatórias, o seu conteúdo mínimo e a sua estrutura. A IAS 1 é complementada pela IAS 7, que exige a prestação de informação sobre alterações de caixa e seus equivalentes através de uma demonstração dos fluxos de caixa.

Contudo, muitos dos princípios a aplicar na preparação das demonstrações financeiras, como por exemplo os critérios de reconhecimento e de mensuração de cada categoria de ativos e passivos, são tratados noutras IAS/IFRS. Este livro tem em conta não só o conteúdo da IAS 1 e da IAS 7, mas também o conteúdo de todas as outras normas e interpretações do IASB, assim como a sua Estrutura Conceptual.

Uma vez que o principal meio de comunicação entre a entidade e os utilizadores externos da informação são as demonstrações financeiras, este livro está organizado por demonstração financeira e não por IAS/IFRS. Pretende-se assim dar uma visão integrada do conjunto das demonstrações financeiras de uma entidade e dos aspetos mais relevantes a considerar na sua preparação e na sua compreensão por parte dos utilizadores.

2. Demonstrações financeiras

2.1. Definição e objetivo

A IAS 1 define as demonstrações financeiras como uma representação estruturada da posição financeira e do desempenho financeiro de uma entidade que deverão ser elaboradas com o objetivo de proporcionar informação sobre a posição financeira, desempenho financeiro e fluxos de caixa da entidade que seja útil para um vasto conjunto de utilizadores na tomada de decisões económicas.

A utilidade para a tomada de decisão é entendida como o objetivo primordial da elaboração e apresentação das demonstrações financeiras na medida em que a eficácia na afetação de recursos escassos por parte dos indivíduos, empresas, mercados e governos será melhorada se quem toma decisões económicas tiver acesso a informação que reflita o desempenho relativo das entidades, podendo deste modo avaliar medidas alternativas com base nos respetivos riscos e retornos. Consequentemente, a identificação da utilidade como objetivo fundamental das demonstrações financeiras surge como uma medida que visa o incremento da eficácia da própria economia.

A adoção deste objetivo pressupõe também a ideia de que as demonstrações financeiras de cada entidade são um bem público a preservar que contribui para a afetação ótima dos recursos escassos da atividade económica e, em última instância, para o bem estar social. Esta abordagem justifica o facto de se obrigar as referidas entidades a assumir o custo da preparação e apresentação daquela informação.

No entanto, salienta-se que as demonstrações financeiras constituem um meio de comunicação entre dois intervenientes, a entidade informativa e os utilizadores da informação.

Quando a entidade informativa é uma única entidade jurídica, esta será representada por demonstrações financeiras ou por demonstrações financeiras separadas. Quando a entidade informativa é um grupo de entidades constituído por uma entidade mãe e pelo conjunto das suas subsidiárias, a mesma será representada por demonstrações financeiras consolidadas.

O IASB especifica na sua Estrutura Conceptual que as demonstrações financeiras devem ser úteis para os atuais e potenciais investidores, financiadores e outros credores. Contudo, o IASB considera que a informação contida nas demonstrações financeiras que satisfaça as necessidades dos investidores, financiadores e credores será também útil para outros utilizadores.

2.2. Demonstrações financeiras obrigatórias
Os atuais e potenciais investidores, financiadores e outros os credores de uma entidade estão interessados essencialmente em obter informação que lhes permita conhecer o valor, momento e certeza dos fluxos de caixa a obter da entidade no futuro, nomeadamente sob a forma de dividendos, mais valias, juros, ou reembolso do capital emprestado.

Partindo desta premissa, e assumindo a existência de uma correlação entre os fluxos de caixa futuros da própria entidade e os dos investidores, conclui-se que as demonstrações financeiras deverão proporcionar aos utilizadores informação que lhes permita avaliar a capacidade da entidade para gerar fluxos de caixa no futuro, assim como o momento e certeza da sua ocorrência.

É esta a posição adotada pelo IASB e apresentada, quer na sua Estrutura Conceptual, quer na IAS 1. Segundo esta norma, o objetivo de proporcionar informação útil para a tomada de decisões económicas será alcançado com a divulgação das seguintes demonstrações financeiras:

DEMONSTRAÇÕES FINANCEIRAS

a) **Demonstração da posição financeira**, que representa a posição financeira de uma entidade num determinado momento e que proporciona informação sobre os recursos económicos que a entidade controla com vista à obtenção de fluxos de caixa futuros, sobre a estrutura das fontes de financiamento de tais recursos, sua liquidez e solvência e sobre a sua capacidade para se adaptar a alterações no meio envolvente em que opera;

b) **Demonstração do rendimento integral**[1], que proporciona informação sobre o retorno que uma entidade obtém a partir dos recursos que controla, permitindo ao utilizador avaliar as alterações potenciais nos recursos económicos da entidade, incluindo o risco de não atingir um determinado nível de atividade, prever a sua capacidade para gerar fluxos de caixa no futuro a partir dos recursos existentes e estimar a eficácia com que poderá utilizar recursos adicionais;

c) **Demonstração de alterações no capital próprio**, que apresenta informação sobre as alterações no capital próprio de uma entidade ocorridas durante o período que tenham sido realizadas com os detentores do capital da entidade e também as que resultem de ajustamentos associados a alterações de políticas contabilísticas e correção de erros;

d) **Demonstração dos fluxos de caixa**, que apresenta informação sobre a forma como uma entidade gera e utiliza caixa e equivalentes a caixa nas suas operações e nas suas atividades de investimento e de financiamento. A demonstração dos fluxos de caixa complementa a informação contida na demonstração da posição financeira e, particularmente, na demonstração do rendimento integral, para efeito da previsão dos fluxos de caixa futuros da entidade, na medida em que a demonstração do rendimento

---

[1] A IAS 1 prevê a apresentação de uma demonstração designada por "Demonstração dos lucros ou prejuízos e outro rendimento integral". Contudo, esta norma prevê a possibilidade de se utilizar alternativamente a designação "Demonstração do rendimento integral". Optou-se por adotar esta segunda designação.

integral é elaborada de acordo com o regime do acréscimo enquanto que a primeira é preparada numa ótica de caixa; e

e) **Notas**, que apresentam, por um lado, informação complementar tendo em vista uma melhor compreensão da informação contida nas demonstrações financeiras anteriormente referidas e, por outro lado, informação adicional que permita uma melhor compreensão da situação económica e financeira da entidade.

Estas demonstrações financeiras constituem aquilo que a IAS 1 designa por conjunto completo de demonstrações financeiras. As entidades que apliquem as IAS/IFRS devem apresentar obrigatoriamente este conjunto de demonstrações financeiras.

2.3. Identificação das demonstrações financeiras

O conjunto completo de demonstrações financeiras deve ser claramente identificado e distinguido de outra informação que conste nos documentos publicados por uma entidade. Além disso, cada uma das demonstrações que integram o conjunto completo de demonstrações financeiras deve ser claramente identificada, sendo apresentada a seguinte informação:

– Nome da entidade que relata ou outra forma de identificação;

– Natureza das demonstrações financeiras apresentadas, isto é, se estas são de uma entidade individual ou de um grupo de entidades;

– Data do fim do período de relato ou o período abrangido pelas demonstrações financeiras, consoante o tipo de demonstração financeira;

– Moeda de apresentação; e

– Nível de arredondamento utilizado, como por exemplo, se os valores estão apresentados em euros ou em milhares de euros.

2.4. Período de relato das demonstrações financeiras

As demonstrações financeiras são geralmente preparadas e apresentadas para um período anual. Contudo, certas entidades, como por exemplo as que têm ações admitidas à cotação em bolsa, devem apresentar as suas demonstrações financeiras não só numa base anual, mas também numa base trimestral. A IAS 34 permite que as entidades optem por apresentar, em termos de relato financeiro intercalar, um conjunto completo de demonstrações financeiras ou um conjunto de demonstrações financeiras condensadas.

As demonstrações financeiras devem apresentar o valor de cada um dos elementos para o período de relato. Contudo, para garantir a comparabilidade das demonstrações financeiras, a IAS 1 exige também a divulgação de informação comparativa referente ao período precedente para toda a informação numérica apresentada nas demonstrações financeiras, incluindo as Notas.

Caso a entidade altere retrospetivamente uma política contabilística, proceda à correção retrospetiva de um erro ou reclassifique elementos, deve ser também apresentada a demonstração da posição financeira no início do período comparativo mais antigo apresentado.

Por último, salienta-se que as demonstrações financeiras devem ainda evidenciar todos os acontecimentos ocorridos após o período de relato que proporcionem prova de condições que existiam no fim desse período, os quais implicam ajustamentos nas demonstrações financeiras, e os acontecimentos materiais que sejam indicativos de condições que surgiram após o período de relato, os quais devem ser divulgados nas Notas.

2.5. Principais diferenças entre as IAS/IFRS e o SNC

As IAS/IFRS e o SNC apresentam algumas divergências no que respeita às demonstrações financeiras. Como se pode observar no Quadro 2.1, as demonstrações financeiras que as entidades devem apresentar de acordo com cada um dos normativo não são exatamente as mesmas.

Assim, o SNC exige a apresentação de uma demonstração dos resultados, enquanto que as IAS/IFRS exigem a apresentação de uma demonstração do rendimento integral. Por sua vez, a norma das pequenas entidades não exige a divulgação da demonstração das alterações no capital próprio nem da demonstração dos fluxos de caixa.

A terminologia adotada também não é totalmente coincidente. Enquanto que o IASB utiliza a designação demonstração da posição financeira, o SNC utiliza o termo balanço. As notas previstas no IASB têm a designação de anexo nos termos previstos no SNC.

QUADRO 2.1. **Demonstrações financeiras – IAS/IFRS *versus* SNC**

ASSUNTO	IAS/IFRS	SNC GERAL	SNC PE
Demonstrações financeiras obrigatórias	Demonstração da posição financeira;	Balanço;	Balanço;
	Demonstração do rendimento integral;	Demonstração dos resultados;	Demonstração dos resultados;
	Demonstração de alterações no capital próprio;	Demonstração das alterações no capital próprio;	
	Demonstração dos fluxos de caixa;	Demonstração dos fluxos de caixa;	
	Notas.	Anexo.	Anexo.

3. Demonstração da posição financeira

O objetivo das demonstrações financeiras é o de prestar informação sobre a posição financeira, desempenho financeiro e fluxos de caixa de uma entidade que sejam úteis para a tomada de decisões pelos seus utilizadores. A informação sobre a posição financeira é fundamentalmente prestada através da demonstração da posição financeira.

De acordo com a Estrutura Conceptual do IASB, a posição financeira de uma entidade é afetada pelos recursos económicos que ela controla, pela sua estrutura financeira, pela sua liquidez e solvência e pela sua capacidade de se adaptar às alterações na envolvente em que opera.

A informação sobre os recursos económicos controlados pela entidade e a sua capacidade de modificar no passado esses recursos é útil na previsão da capacidade da entidade para gerar caixa e seus equivalentes no futuro.

A informação sobre a estrutura financeira é importante para a previsão das necessidades futuras de financiamentos e da forma como os lucros ou prejuízos e caixa e seus equivalentes serão distribuídos entre os vários investidores da entidade, no futuro.

A informação sobre a liquidez e a solvência é relevante para a previsão da capacidade da entidade para satisfazer os seus compromissos financeiros aquando do respetivo vencimento.

3.1. Caracterização dos elementos

A demonstração da posição financeira inclui três categorias de elementos, os ativos, os passivos e o capital próprio.

A Estrutura Conceptual do IASB apresenta a definição de cada uma destas categorias de elementos, assim como os critérios necessários para o seu reconhecimento na demonstração da posição financeira.

3.1.1. Ativos
3.1.1.1. Conceito

A Estrutura Conceptual do IASB define os ativos como recursos controlados por uma entidade em resultado de eventos passados e dos quais se espera que fluam para a entidade benefícios económicos no futuro.

Deste modo, um elemento de uma entidade deve ser definido como ativo sempre que:

- Proporcione a obtenção de benefícios económicos futuros, que não têm obrigatoriamente que ser certos;

- A entidade controle a obtenção daqueles benefícios económicos futuros; e

- A transação ou evento que proporciona o direito aos benefícios económicos já ocorreu previamente, pelo que a mera intenção de adquirir um bem no futuro não deve conduzir à sua definição como ativo.

Os benefícios económicos que determinam a existência de um ativo consistem no seu potencial para contribuir direta ou indiretamente, por si só ou em conjunto com outros elementos, para a obtenção de caixa ou seus equivalentes. O controlo de um ativo é definido como a capacidade de obter os benefícios económicos futuros que o mesmo representa e restringir o acesso de terceiros aos mesmos.

Existem características que podem eventualmente relacionar-se com os ativos de uma entidade, mas que não são consideradas essenciais, nomeadamente a:

DEMONSTRAÇÕES DA POSIÇÃO FINANCEIRA

– *Propriedade legal*: um bem pode ser ativo de uma entidade porque esta é a sua proprietária e detém também controlo sobre o mesmo. Contudo, uma entidade pode ter o controlo efetivo dos benefícios económicos inerentes a um ativo sem ter a titularidade jurídica dos direitos de propriedade como acontece, por exemplo, no caso das locações financeiras;

– *Forma de obtenção*: os ativos apresentados por uma entidade na sua demonstração da posição financeira são geralmente adquiridos, construídos ou produzidos pela mesma. No entanto, também são ativos de uma entidade aqueles que são obtidos de forma gratuita como, por exemplo, um edifício que tenha sido doado; e

– *Tangibilidade*: muitos ativos apresentam características de tangibilidade. Porém, podem existir elementos que apresentam as características essenciais para serem ativos mas cuja natureza é intangível, como é o caso das marcas e patentes.

Exemplo 3.1 – Conceito de ativo

As mercadorias compradas por uma entidade são ativos porque são controladas pela mesma e porque geram benefícios económicos futuros que serão obtidos diretamente através da sua venda (IAS 2).

Os equipamentos que integram a linha de produção de uma entidade são ativos porque são controlados pela mesma e porque geram benefícios económicos futuros que serão obtidos indiretamente através da venda dos produtos acabados que resultam da utilização conjunta dos diferentes ativos que compreendem a linha de produção (IAS 16).

Um filtro novo comprado por uma entidade a fim de dar cumprimento a exigências de natureza ambiental pode não aumentar diretamente os benefícios económicos futuros da entidade, mas pode ser necessário para que a entidade obtenha os benefícios económicos futuros associados a um conjunto de ativos de natureza industrial. Assim, o filtro será um ativo da entidade porque contribui, em conjunto com outros elementos, para a obtenção de benefícios económicos futuros (IAS 16).

Um armazém de matérias-primas obtido por uma entidade através de um contrato de locação financeira é um ativo porque é controlado pela mesma. Num contrato de locação financeira, o locador transfere para o locatário praticamente todos os riscos e vantagens inerentes ao ativo, independentemente do título de propriedade vir ou não eventualmente a ser também transferido. Assim, o locatário controla a obtenção dos benefícios económicos futuros inerentes ao armazém, pelo que deve tratá-lo como seu ativo (IAS 17).

As capacidades de uma equipa de pessoal adquiridas no âmbito de uma ação de formação que a entidade espera que sejam colocadas ao seu dispor não podem geralmente ser consideradas ativos da entidade porque esta não tem controlo suficiente sobre os benefícios económicos futuros provenientes da formação. Nas situações excecionais em que a entidade esteja protegida por direitos legais como, por exemplo, quando o pessoal se compromete por via contratual a prestar serviço à entidade durante um determinado período de tempo, a mesma já terá um elemento que verifica o conceito de ativo (IAS 38).

As acções representativas do capital de outra entidade são ativos porque são controladas pela entidade adquirente e porque geram benefícios económicos futuros que serão obtidos sob a forma de dividendos e/ou através da sua venda (IAS 39).

3.1.1.2. Critérios de reconhecimento

A Estrutura Conceptual do IASB estabelece que um elemento que se enquadra no conceito de ativo só deverá ser reconhecido como tal, na demonstração da posição financeira, quando se verificarem simultaneamente os seguintes critérios de reconhecimento:

- É provável que os benefícios económicos futuros associados ao ativo fluam para a entidade; e

- O ativo tem um custo ou valor que pode ser determinado com fiabilidade.

Os ativos adquiridos a terceiros cumprem normalmente os critérios de reconhecimento na demonstração da posição financeira, uma vez que o preço de compra reflete as expectativas acerca da probabilidade de que os benefícios económicos futuros esperados incorporados no ativo irão fluir para a entidade e permite também a determinação do custo do ativo de modo fiável.

No caso dos ativos desenvolvidos internamente pela entidade, poderá ser mais difícil identificar se e quando existe um ativo que gere bene-

DEMONSTRAÇÕES DA POSIÇÃO FINANCEIRA

fícios económicos futuros prováveis e determinar o seu custo de modo fiável. Esta situação é particularmente importante no caso dos ativos intangíveis.

Exemplo 3.2 – Critérios de reconhecimento de ativos

Um produto fabricado pela entidade para venda cumpre os critérios de reconhecimento como ativo, a não ser que o mesmo se torne obsoleto e deixe de ser provável a sua venda no mercado (IAS 2).

Um equipamento comprado pela entidade para uso na fabricação de produtos para venda cumpre os critérios de reconhecimento como ativo porque, em condições normais, espera-se que a entidade venha a obter benefícios económicos futuros prováveis através da venda dos produtos fabricados (IAS 16).

Um projeto de pesquisa que a entidade tem em curso com o objetivo de criar uma essência inovadora a utilizar no desenvolvimento de num novo perfume não cumpre os critérios de reconhecimento como ativo porque a entidade não consegue demonstrar que o projeto irá ter sucesso, ou seja, que está a ser criado um ativo intangível que irá gerar benefícios económicos prováveis (IAS 38).

Um marca desenvolvida internamente pela entidade não cumpre os critérios de reconhecimento como ativo porque os custos suportados pela entidade no desenvolvimento da marca não podem ser distinguidos do custo de desenvolver a entidade no seu todo (IAS 38).

3.1.2. Passivos
3.1.2.1. Conceito
A Estrutura Conceptual do IASB define os passivos como obrigações presentes da entidade resultantes de eventos passados, da liquidação das quais se espera que resulte uma saída de recursos que incorporam benefícios económicos.

Deste modo, um elemento de uma entidade deve ser definido como passivo sempre que:

- Tenha inerente a obrigação presente de transferir benefícios económicos no futuro para outra ou outras entidades, quando uma transação ou evento específico ocorrer ou numa data previamente definida;

– A entidade não possa evitar o cumprimento da obrigação; e

– A transação ou evento que confere a obrigação já ocorreu previamente.

A liquidação de uma obrigação implica normalmente a entrega pela entidade de recursos que incorporam benefícios económicos futuros. Essa liquidação pode verificar-se de diversas formas, como, por exemplo, através do pagamento de uma quantia em dinheiro, da transferência de outros ativos ou da prestação de serviços.

Existem características que podem eventualmente relacionar-se com os passivos de uma entidade, mas que não são consideradas essenciais, nomeadamente a:

– *Imposição legal*: usualmente, a obrigação presente de transferir benefícios económicos no futuro para outra ou outras entidades resulta de uma imposição legal, porque deriva de um contrato ou de legislação. Alternativamente, a obrigação presente pode decorrer das ações da entidade em que a mesma indica a terceiros que aceitará certas responsabilidades e cria uma expetativa válida de que cumprirá com essas responsabilidades. Esta situação verifica-se, por exemplo, quando a entidade anuncia um plano detalhado para a restruturação e/ou desmantelamento de uma fábrica criando nas partes afetadas uma expetativa válida de que irá cumprir com o anunciado;

– *Valor de liquidação certo*: usualmente é possível determinar o valor exato necessário para liquidar uma obrigação presente da entidade. Porém, em alguns casos o valor da obrigação corresponde a uma estimativa, o que se verifica, por exemplo, com as obrigações de um plano de benefícios definidos; e

– *Data de liquidação certa*: os passivos apresentados por uma entidade na sua demonstração da posição financeira têm geralmente uma data de vencimento previamente definida. No entanto, são também passivos da entidade aqueles que não tenham uma data

DEMONSTRAÇÕES DA POSIÇÃO FINANCEIRA

de liquidação certa, desde que seja provável que a sua liquidação implique uma saída de recursos que incorporam benefícios económicos. Estes passivos podem ser, por exemplo, provisões para indeminizações a pagar numa data a determinar pelo tribunal.

Exemplo 3.3 – Conceito de passivo

Um empréstimo bancário obtido pela entidade é um passivo porque, na data em que a entidade realiza o contrato com a instituição de crédito, ela assume a obrigação presente de proceder ao reembolso de um montante em dinheiro numa data específica no futuro (IAS 39).

Uma dívida a pagar a um fornecedor é um passivo porque, na data em que a entidade realiza a compra a crédito, assume a obrigação presente de proceder ao pagamento de um montante em dinheiro no futuro (IAS 39).

Uma provisão para garantias a clientes é um passivo porque, na data em que a entidade vende produtos com garantia, ela assume a obrigação de proceder à entrega de um novo produto no momento em que se verificar uma reclamação por parte do cliente (IAS 37).

Um passivo por imposto corrente é um passivo porque, no fim do período de relato, a entidade que apresente lucro assume a obrigação de proceder ao pagamento de imposto ao Estado no período seguinte (IAS 12).

3.1.2.2. Critérios de reconhecimento

A Estrutura Conceptual do IASB estabelece que um elemento que se enquadra no conceito de passivo só deverá ser reconhecido como tal, na demonstração da posição financeira, quando se verificarem simultaneamente os seguintes critérios de reconhecimento:

- É provável que uma saída de recursos incorporando benefícios económicos resulte da liquidação de uma obrigação presente; e

- O valor de liquidação possa ser determinado com fiabilidade.

> ### Exemplo 3.4 – Critérios de reconhecimento de passivos
>
> Uma dívida a pagar a um fornecedor cumpre os critérios de reconhecimento como passivo porque a entidade tem de liquidar a sua obrigação e o valor de liquidação pode ser determinado com fiabilidade (IAS 39).
>
> Um empréstimo obrigacionista cumpre os critérios de reconhecimento como passivo porque muito provavelmente a entidade irá liquidar a sua obrigação e o valor pode ser determinado com fiabilidade (IAS 39).
>
> Uma provisão para recuperação de danos ambientais que implique o pagamento provável de algumas quantias em dinheiro cumpre os critérios de reconhecimento como passivo, a não ser que a entidade não consiga estimar com fiabilidade o valor desses pagamentos, situação em que deve apenas divulgar um passivo contingente (IAS 37).

3.1.3. Capital próprio

A Estrutura Conceptual do IASB define o capital próprio como o valor residual dos ativos da entidade após dedução dos seus passivos.

As características essenciais do capital próprio são as seguintes:

- Tem um *carácter residual*, uma vez que o conceito de capital próprio está dependente dos conceitos de ativo e de passivo; e

- O seu valor corresponde ao somatório das contribuições dos proprietários da entidade líquidas das distribuições e dos rendimentos gerados pela entidade desde a data da sua constituição deduzidos dos respetivos gastos. Estes dois últimos elementos serão tratados no capítulo 4.

O reconhecimento dos elementos do capital próprio está dependente dos critérios de reconhecimento de ativos, passivos, rendimentos e gastos.

Finalmente, no quadro 3.1 resumem-se os conceitos e os critérios de reconhecimento de ativos, passivos e capital próprio na demonstração da posição financeira.

DEMONSTRAÇÕES DA POSIÇÃO FINANCEIRA

QUADRO 3.1. Conceitos e critérios de reconhecimento de ativos, passivos e capital próprio

ELEMENTOS	CONCEITOS	CRITÉRIOS DE RECONHECIMENTO
Ativos	Recursos controlados por uma entidade em resultado de eventos passados e dos quais se espera que fluam para a entidade benefícios económicos no futuro.	É provável que os benefícios económicos futuros fluam para a entidade e o ativo tem um custo ou valor que possa ser determinado com fiabilidade.
Passivos	Obrigações presentes da entidade resultantes de eventos passados, da liquidação das quais se espera que resulte uma saída de recursos que incorporam benefícios económicos.	É provável que uma saída de recursos incorporando benefícios económicos resulte da liquidação de uma obrigação presente e o valor de liquidação pode ser determinado com fiabilidade.
Capital próprio	Valor residual dos ativos da entidade após dedução de todos os seus passivos.	Depende dos critérios de reconhecimento de ativos, passivos, rendimentos e gastos.

3.2. Apresentação dos elementos
3.2.1. Classificação

A IAS 1 estabelece que os ativos e os passivos devem ser apresentados na demonstração da posição financeira classificados em correntes e não correntes ou por ordem de liquidez nas situações excecionais em que esta apresentação proporcione informação fiável e mais relevante.

A IAS 1 define um ativo corrente como um ativo que:

- Se espera que seja realizado no decurso normal do ciclo operacional da entidade, entendido como o período que decorre entre o momento da aquisição dos materiais a serem integrados no processo e a sua realização em caixa ou num equivalente a caixa;

- Seja detido para venda ou consumo no decurso normal do ciclo operacional da entidade;

- Seja detido com o objetivo principal de ser vendido no curto prazo;

- Se espera que venha a ser realizado dentro de doze meses após o fim do período de relato; ou

- Seja caixa ou seus equivalentes, sem qualquer restrição na sua utilização.

A IAS 1 define um ativo não corrente como todo o ativo que não observe os requisitos necessários para se classificar como ativo corrente.

Exemplo 3.5 – Ativos correntes e não correntes

Uma dívida a receber de clientes é um ativo corrente porque se espera que este seja realizado no decurso normal do ciclo operacional da entidade.

Um produto acabado é um ativo corrente porque é detido para venda no decurso normal do ciclo operacional da entidade.

Um ativo financeiro de negociação é um ativo corrente porque foi adquirido e é detido com o objetivo de gerar lucro através da sua venda no curto prazo.

Um depósito à ordem é um ativo corrente porque é um equivalente a caixa.

Um equipamento industrial é um ativo não corrente porque se espera que venha a ser realizado num período superior a doze meses após o fim do período de relato.

Um marca comprada a terceiros é um ativo não corrente porque se espera que venha a ser realizada num período superior a doze meses após o fim do período de relato.

Por outro lado, a IAS 1 define um passivo corrente como um passivo que:

- Se espera que seja liquidado no decurso normal do ciclo operacional da entidade; ou

- Tenha que ser liquidado no prazo de doze meses após o fim do período de relato.

DEMONSTRAÇÕES DA POSIÇÃO FINANCEIRA

A IAS 1 define um passivo não corrente como todo o passivo que não observe os requisitos necessários para se classificar como passivo corrente.

Exemplo 3.6 – Passivos correntes e não correntes

Uma dívida a pagar a fornecedores é um passivo corrente porque se espera que seja liquidado no decurso normal do ciclo operacional da entidade.

Uma dívida a pagar no prazo de seis meses relativa à compra de computadores para usar no departamento administrativo é um passivo corrente porque será liquidada no prazo de doze meses após o fim do período de relato.

Um empréstimo bancário a reembolsar no prazo de três meses é um passivo corrente porque será liquidado no prazo de doze meses após o fim do período de relato.

Uma dívida a pagar no prazo de quatro anos relativa à compra de um edifício para armazenar produtos acabados é um passivo não corrente porque a mesma será liquidada num prazo superior a doze meses após o fim do período de relato.

Um empréstimo obrigacionista a liquidar no prazo de cinco anos é um passivo não corrente porque será liquidado num prazo superior a doze meses após o fim do período de relato.

3.2.2. Conteúdo mínimo

A IAS 1 estabelece que a demonstração da posição financeira deve incluir, no mínimo, os elementos que se apresentam no Quadro 3.2. O conceito de cada um destes elementos, que se apresenta no mesmo quadro, consta nas IAS/IFRS que identificam as políticas contabilísticas aplicáveis a estes elementos.

QUADRO 3.2. Conteúdo mínimo da demonstração da posição financeira

ELEMENTOS	CONCEITOS	CLASSIFICAÇÃO
Ativos intangíveis	Ativo não monetário identificável sem substância física (IAS 38). Exemplo: marca registada comprada a terceiros.	Ativos não correntes
Ativos fixos tangíveis	Elementos tangíveis detidos para uso na produção ou fornecimento de bens ou serviços, para arrendamento a terceiros ou para fins administrativos, e que se espera que sejam usados durante mais do que um período (IAS 16). Exemplo: linha de produção.	Ativos não correntes
Propriedades de investimento	Propriedades detidas para obter rendas ou para valorização do capital ou para ambas, e não para uso na produção ou fornecimento de bens ou serviços ou para finalidades administrativas nem para venda no curso normal do negócio (IAS 40). Exemplo: loja arrendada a terceiros.	Ativos não correntes
Ativos biológicos	Animais ou plantas vivos relacionados com a atividade agrícola, entendida como a gestão por uma entidade da transformação biológica de ativos biológicos para venda, em produto agrícola, ou em ativos biológicos adicionais (IAS 41). Exemplo: laranjeiras (ativo não corrente) e frangos para abate (ativo corrente).	Ativos correntes ou não correntes

DEMONSTRAÇÕES DA POSIÇÃO FINANCEIRA

ELEMENTOS	CONCEITOS	CLASSIFICAÇÃO
Inventários	Ativos detidos para venda no decurso normal da atividade empresarial (mercadorias e produtos acabados), no processo de produção para venda (produtos e serviços em curso) ou na forma de materiais ou bens de consumo a serem consumidos no processo de produção ou na prestação de serviços (IAS 2). Exemplo: mobiliário comprado para venda no decurso normal do negócio.	Ativos correntes
Ativos não correntes detidos para venda	Ativos não correntes cujo valor contabilístico será recuperado principalmente através de uma transacção de venda em vez de o ser pelo uso continuado (IFRS 5). Exemplo: edifício desocupado que a entidade tem em processo de venda.	Ativos correntes
Investimentos contabilizados pelo método de equivalência patrimonial	Investimentos em associadas: investimentos em entidades sobre a qual o investidor tem influência significativa, i.e., em que o investidor tem o poder de participar nas decisões de política financeira e operacional, sem que chegue a ser controlo ou controlo conjunto dessas políticas (IAS 28). Interesses em empreendimentos conjuntos: interesses em acordos conjuntos em que as partes que têm controlo conjunto do acordo têm direitos aos seus ativos líquidos (IFRS 10). Exemplo: participação de 30% do capital de outra entidade, sobre a qual a entidade detentora da participação tem influência significativa.	Ativos não correntes

ELEMENTOS	CONCEITOS	CLASSIFICAÇÃO
Contas a receber comerciais e outras	Direito contratual de receber dinheiro ou outro ativo financeiro de outra entidade (IAS 32/39). Exemplo: dívida a receber de clientes (ativo corrente) e dívida a receber de acionistas num prazo superior a doze meses após o fim do período de relato (ativo não corrente).	Ativos correntes ou não correntes
Caixa e equivalentes de caixa	Caixa: compreende dinheiro em caixa e em depósitos à ordem (IAS 7). Equivalentes de caixa: investimentos financeiros a curto prazo altamente líquidos que sejam prontamente convertíveis para valores conhecidos em dinheiro e que estejam sujeitos a um risco insignificante de alterações de valor (IAS 7). Exemplo: depósitos à ordem.	Ativos correntes

DEMONSTRAÇÕES DA POSIÇÃO FINANCEIRA

ELEMENTOS	CONCEITOS	CLASSIFICAÇÃO
Outros ativos financeiros	Ativos financeiros que não sejam caixa e equivalentes de caixa, contas a receber e investimentos contabilizados pelo método de equivalência patrimonial (IAS 32/39). Ativos financeiros são ativos que sejam: – Dinheiro; – Um instrumento de capital próprio de uma outra entidade; – Um direito contratual de receber dinheiro ou outro ativo financeiro de outra entidade, ou de trocar ativos financeiros ou passivos financeiros com outra entidade em condições que sejam potencialmente favoráveis para a entidade; ou – Um contrato que será ou poderá ser liquidado nos instrumentos de capital próprio da própria entidade e que seja um não derivado para o qual a entidade esteja ou possa estar obrigada a receber um número variável dos instrumentos de capital próprio da própria entidade, ou um derivado que será ou poderá ser liquidado de forma diferente da troca de uma quantia fixa em dinheiro ou outro ativo financeiro por um número fixo dos instrumentos de capital próprio da própria entidade. Exemplo: acções adquiridas para venda no curto prazo (ativo corrente) e obrigações adquiridas e detidas até à maturidade (ativo não corrente).	Ativos correntes ou não correntes
Ativos por impostos correntes	Valor a receber de impostos sobre o rendimento respeitantes à perda tributável de um período (IAS 12).	Ativos correntes

IFRS – DEMONSTRAÇÕES FINANCEIRAS – UM GUIA PARA EXECUTIVOS

ELEMENTOS	CONCEITOS	CLASSIFICAÇÃO
Ativos por impostos diferidos	Valores de impostos sobre o rendimento recuperáveis em períodos futuros respeitantes a diferenças temporárias dedutíveis, reporte de perdas fiscais não utilizadas e reporte de créditos tributáveis não utilizados (IAS 12). Diferenças temporárias dedutíveis são diferenças temporárias de que resultam valores dedutíveis na determinação do lucro tributável de períodos futuros quando o valor contabilístico do ativo ou do passivo seja recuperado ou liquidado. Exemplo: efeito fiscal de uma perda por imparidade de clientes não aceite como gasto fiscal.	Ativos não correntes
Contas a pagar comerciais e outras	Obrigação contratual de entregar dinheiro ou outro ativo financeiro a uma outra entidade (IAS 32/39). Exemplo: dívida a pagar a fornecedores de mercadorias (passivo corrente) e dívida a pagar a fornecedores de equipamentos num prazo superior a doze meses após o fim do período de relato (passivo não corrente).	Passivos correntes ou não correntes
Provisões	Passivos cujo valor ou data de liquidação são incertos (IAS 37). Exemplo: obrigação de pagar uma indemnização a um cliente na data que vier a ser determinada pelo tribunal, que se espera que seja num prazo inferior a doze meses após o fim do período de relato (passivo corrente) e obrigação de pagar despesas de desmantelamento de uma das linhas de produção no final da sua vida útil (passivo não corrente).	Passivos correntes ou não correntes

DEMONSTRAÇÕES DA POSIÇÃO FINANCEIRA

ELEMENTOS	CONCEITOS	CLASSIFICAÇÃO
Outros passivos financeiros	Passivos financeiros que não sejam contas a pagar comerciais e outras (IAS 32/39). Passivos financeiros são passivos que sejam: – Uma obrigação contratual de entregar dinheiro ou outro ativo financeiro a uma outra entidade, ou de trocar ativos financeiros ou passivos financeiros com outra entidade em condições que sejam potencialmente desfavoráveis para a entidade; ou – Um contrato que será ou poderá ser liquidado nos instrumentos de capital próprio da própria entidade e que seja um não derivado para o qual a entidade esteja ou possa estar obrigada a entregar um número variável de instrumentos de capital próprio da própria entidade, ou um derivado que será ou poderá ser liquidado de forma diferente da troca de uma quantia fixa em dinheiro ou outro ativo financeiro por um número fixo dos instrumentos de capital próprio da própria entidade. Exemplo: financiamento bancário obtido - parcela que se vende num prazo inferior a doze meses após o fim do período de relato (passivo corrente); parcela que se vende num prazo superior a doze meses após o fim do período de relato (passivo não corrente).	Passivos correntes ou não correntes
Passivos por impostos correntes	Valor a pagar de impostos sobre o rendimento respeitantes ao lucro tributável de um período (IAS 12).	Passivos correntes

ELEMENTOS	CONCEITOS	CLASSIFICAÇÃO
Passivos por impostos diferidos	Valor de impostos sobre o rendimento pagáveis em períodos futuros com respeito a diferenças temporárias tributáveis (IAS 12). Diferenças temporárias tributáveis são diferenças temporárias de que resultam valores tributáveis na determinação do lucro tributável de períodos futuros quando o valor contabilístico do ativo ou do passivo seja recuperado ou liquidado. Exemplo: efeito fiscal da revalorização de ativos fixos tangíveis, quando o excedente de revalorização não é aceite fiscalmente em períodos futuros como gasto de depreciação.	Passivos não correntes
Passivos incluídos em grupos para alienação classificados como detidos para venda	Grupos para alienação classificados como detidos para venda: grupos para alienação cujo valor contabilístico é recuperado principalmente através de uma transacção de venda em vez de o ser pelo uso continuado (IFRS 5). Um grupo para alienação é um grupo de ativos a alienar, por venda ou de outra forma, em conjunto com um grupo numa só transação, e passivos diretamente associados a esses ativos que serão transferidos na transação.	Passivos correntes
Interesses que não controlam	Capital próprio numa subsidiária não atribuível, direta ou indiretamente, à entidade-mãe (IFRS 10).	n.a.
Capital emitido e reservas atribuíveis aos proprietários da entidade mãe	Não definido explicitamente por nenhuma norma.	n.a.

DEMONSTRAÇÕES DA POSIÇÃO FINANCEIRA

A IAS 1 estabelece que a demonstração da posição financeira pode incluir elementos adicionais, não considerados no conteúdo mínimo, quando previsto noutra IAS/IFRS ou quando a entidade considere que tal procedimento é necessário para apresentar apropriadamente a sua posição financeira.

Salienta-se, como exemplo, que a IAS 2 e a IAS 16 exigem que a entidade apresente, separadamente na demonstração da posição financeira ou nas notas, a decomposição do valor contabilístico dos inventários e dos ativos fixos tangíveis tendo em conta uma classificação apropriada para a entidade.

Apresenta-se, como exemplo, a demonstração da posição financeira do grupo Galp Energia.

Exemplo 3.7 – Demonstração da posição financeira

GALP ENERGIA
Demonstração consolidada da posição financeira
Em 31 de Dezembro de 2011 e 2010
Valores em milhares de euros

Ativo	2011	2010
Ativo não corrente		
Ativos fixos tangíveis	4.159.443	3.588.502
Goodwill	231.866	242.842
Ativos intangíveis	1.301.481	1.307.873
Participações em associadas e conjuntamente controladas	303.929	282.969
Participações financeiras em participadas	2.893	2.893
Outras contas a receber	171.342	90.560
Ativos por impostos diferidos	198.020	222.976
Outros investimentos financeiros	3.282	1.429
	6.372.256	5.740.044
Ativo corrente		
Inventários	1.874.807	1.570.131
Clientes	1.066.320	1.082.063
Outras contas a receber	532.074	562.179
Outros investimentos financeiros	2.283	5.065
Imposto corrente sobre o rendimento a receber	9.251	0
Caixa e seus equivalentes	298.426	188.033
	3.783.161	3.407.471
Total do Ativo	10.155.417	9.147.515

Capital Próprio e Passivo		
Capital próprio		
Capital social	829.251	829.251
Prémios de emissão	82.006	82.006
Reservas de conversão cambial	10.979	27.918
Outras reservas	193.384	193.384
Reservas de cobertura	(1.001)	(3.892)
Resultados acumulados – ganhos e perdas atuariais	(106.359)	(76.094)
Resultados acumulados	1.444.541	1.158.581
Dividendos antecipados	0	(49.755)
Resultado líquido consolidado do exercício	432.682	451.810
	2.885.483	2.613.209
Interesses que não controlam	55.972	32.202
	2.941.455	2.645.411
Passivos não correntes		
Empréstimos	1.369.069	1.412.024
Empréstimos obrigacionistas	905.000	1.000.000
Outras contas a pagar	359.923	320.585
Responsabilidades com benefícios de reforma	365.812	84.275
Passivos por impostos diferidos	84.486	84.275
Outros instrumentos financeiros	1.807	98
Provisões	110.650	156.257
	3.196.747	3.309.025
Passivos correntes		
Empréstimos e descobertos bancários	1.248.491	616.462
Empréstimos obrigacionistas	280.000	0
Fornecedores	1.364.737	1.489.805
Outras contas a pagar	1.033.498	1.034.083
Outros instrumentos financeiros	90.489	7.696
Imposto corrente sobre o rendimento a pagar	0	45.033
	4.017.215	3.193.079
Total do Capital Próprio e Passivo	10.155.417	9.147.515

Fonte: Relatório e contas de 2011 da GalpEnergia disponível em http://www.galpenergia.com/pt/investi dor/relatorios-e-resultados/relativos-anuais/documentos/relatoriocontas2011vf.pdf

3.3. Mensuração dos elementos

No momento em que um ativo ou passivo é reconhecido na demonstração da posição financeira é necessário atribuir-lhe um valor. Inicia-se assim o processo de mensuração do ativo ou passivo. Após o reconhecimento, a entidade deve identificar as alterações a efetuar na quantia pela qual o ativo ou passivo se encontra reconhecido, processo que pode ser designado por mensuração subsequente ou por mensuração após reconhecimento.

Cada uma das IAS/IFRS que requerem os princípios a ter em conta no tratamento contabilístico de ativos e passivos identificam também os critérios a utilizar na mensuração destes elementos, os quais se podem observar no Quadro 3.3.

QUADRO 3.3. **Mensuração dos ativos e dos passivos**

ELEMENTOS	MENSURAÇÃO
Ativos intangíveis	Modelo do custo ou modelo de revalorização (IAS 38).
Ativos fixos tangíveis	Modelo do custo ou modelo de revalorização (IAS 16).
Propriedades de investimento	Modelo do custo ou modelo do justo valor (IAS 40).
Ativos biológicos	Ao justo valor deduzido das despesas de venda (IAS 41).
Inventários	Ao menor entre o custo e o valor realizável líquido (IAS 2).
Ativos não correntes detidos para venda	Ao menor entre o valor contabilístico e o justo valor deduzido das despesas de venda (IFRS 5).
Investimentos ao MEP	Pelo método de equivalência patrimonial (IAS 28).
Contas a receber comerciais e outras	Ao custo amortizado (IAS 39).
Outros ativos financeiros	Ao custo amortizado, ao justo valor ou ao custo (IAS 39).
Contas a pagar comerciais e outras	Ao custo amortizado (IAS 39).
Provisões	Pela melhor estimativa da despesa exigida para liquidar a obrigação presente no fim da data de relato (IAS 37).

ELEMENTOS	MENSURAÇÃO
Outros passivos financeiros	Ao custo amortizado ou ao justo valor (IAS 39).
Passivos e ativos por impostos correntes	Ao valor que se espera que seja pago ou recuperado das autoridades fiscais, usando as taxas fiscais e leis fiscais que tenham sido decretadas ou substantivamente decretadas no fim do período de relato (IAS 12).
Passivos ou ativos por impostos diferidos	Ao valor que resulta da aplicação das taxas fiscais que se espera que sejam de aplicar no período quando seja realizado o ativo ou seja liquidado o passivo, com base nas taxas fiscais e leis fiscais que tenham sido decretadas ou substantivamente decretadas no fim do período de relato ao valor das diferenças temporárias tributáveis, das diferenças temporárias dedutíveis e dos créditos tributáveis e perdas fiscais não utilizados (IAS 12).

3.4. Principais diferenças entre as IAS/IFRS e o SNC

As IAS/IFRS e o SNC são, em geral, coincidentes no que respeita à demonstração da posição financeira. Porém, como se pode observar no Quadro 3.4, o SNC difere ligeiramente das IAS/IFRS ao não prever nenhuma exceção à regra geral de que os ativos e passivos devem ser classificados em correntes e não corrente para efeito da sua apresentação na Demonstração da posição financeira.

QUADRO 3.4. **Demonstração da posição financeira – IAS/IFRS *versus* SNC**

ASSUNTO	IAS/IFRS	SNC (GERAL E PE)
Classificação dos ativos e passivos	Regra geral: em correntes e não correntes; Exceção: em função da sua liquidez, nas situações em que esta apresentação proporcione informação fiável e mais relevante.	Em correntes e não correntes.

4. Demonstração do rendimento integral

O objetivo das demonstrações financeiras é o de prestar informação sobre a posição financeira, desempenho financeiro e fluxos de caixa de uma entidade que sejam úteis para a tomada de decisões pelos seus utilizadores. A informação sobre o desempenho é fundamentalmente prestada através da demonstração do rendimento integral.

De acordo com a Estrutura Conceptual do IASB, a informação sobre o desempenho financeiro das entidades é necessária de modo a que os utilizadores possam avaliar as alterações potenciais nos recursos económicos que a entidade espera controlar no futuro, prever a capacidade para gerar fluxos de caixa a partir dos recursos existentes e estimar a eficácia com que a entidade poderá utilizar recursos adicionais.

4.1. Caracterização dos elementos

A demonstração do rendimento integral inclui duas grandes categorias de elementos, os rendimentos e os gastos.

A Estrutura Conceptual do IASB apresenta a definição de rendimentos e gastos, assim como os critérios gerais necessários para o seu reconhecimento na demonstração do rendimento integral.

4.1.1. Rendimentos
4.1.1.1. Conceito

A Estrutura Conceptual do IASB define os rendimentos como aumentos nos benefícios económicos durante o período na forma de obtenção ou melhorias de ativos ou diminuições de passivos que resultem em aumentos do capital próprio, que não sejam os relacionados com as contribuições dos sócios ou acionistas.

Exemplo 4.1 – Conceito de rendimento

A venda de mercadorias é um rendimento porque se verifica um aumento de benefícios económicos na forma de obtenção de ativos (dinheiro recebido ou dívida a receber do cliente) do qual resulta um incremento dos lucros ou prejuízos e, consequentemente, do capital próprio, e a operação não está relacionada com os sócios ou acionistas.

Os juros de um depósito a prazo relativos a um período são um rendimento desse período porque se verifica um aumento de benefícios económicos na forma de obtenção de ativos (dinheiro recebido) do qual resulta um incremento dos lucros ou prejuízos e a operação não está relacionada com os sócios ou acionistas.

O excedente de revalorização de ativos fixos tangíveis mensurados pelo modelo de revalorização é um rendimento porque se verifica um aumento de benefícios económicos na forma de melhoria de ativos (ativos fixos tangíveis) do qual resulta um incremento do capital próprio e a operação não está relacionada com os sócios ou acionistas.

4.1.1.2. Critérios de reconhecimento

A Estrutura Conceptual do IASB estabelece que um elemento que se enquadra no conceito de rendimento só deverá ser reconhecido como tal, na demonstração do rendimento integral, quando se verificarem simultaneamente os seguintes critérios de reconhecimento:

- Houve um aumento dos benefícios económicos futuros relacionados com um aumento de ativos ou uma diminuição de passivos; e

- O seu valor pode ser determinado com fiabilidade.

Usualmente, os principais rendimentos de um entidade são os réditos com as vendas e/ou prestação de serviços. A IAS 18 estabelece os critérios de reconhecimento dos réditos provenientes da venda de bens, prestação de serviços, juros, dividendos e *royalties*.

Exemplo 4.2 – Critérios de reconhecimento de rendimentos

A venda de mercadorias a crédito cumpre os critérios de reconhecimento como rendimento porque se verifica um aumento de benefícios económicos futuros que se relaciona com um aumento do ativo (clientes) e o seu valor pode ser determinado com fiabilidade.

A venda de mercadorias à consignação não cumpre nesta data os critérios de reconhecimento como rendimento porque ainda não existe certeza quanto ao aumento de benefícios económicos futuros para a entidade. Apenas na data em que o consignatário vender estas mercadorias a terceiros se cumprem os critérios de reconhecimento como rendimento por parte do consignante.

A venda a prestações cumpre os critérios de reconhecimento como rendimento no momento da venda porque, apesar do recebimento ocorrer posteriormente, se verifica um aumento dos benefícios económicos futuros que se relaciona com um aumento do ativo (clientes) e o seu valor pode ser determinado com fiabilidade.

A prestação de serviços cumpre os critérios de reconhecimento como rendimento durante o período em que o serviço é prestado.

4.1.2. Gastos
4.1.2.1. Conceito

A Estrutura Conceptual do IASB define os gastos como diminuições nos benefícios económicos futuros durante o período contabilístico na forma de utilização ou de redução de ativos ou da contração de passivos que resultem em diminuições de capital próprio, que não sejam as relacionadas com as distribuições aos sócios ou acionistas.

Exemplo 4.3 – Conceito de gasto

O custo das mercadorias vendidas é um gasto porque é uma diminuição de benefícios económicos futuros na forma de utilização de ativos (inventários) que resulta numa diminuição do capital próprio (lucros ou prejuízos) e não está relacionada com os sócios ou accionistas.

A depreciação de ativos fixos tangíveis é um gasto porque é uma diminuição de benefícios económicos futuros na forma de redução de ativos (ativos fixos tangíveis) que resulta numa diminuição do capital próprio (lucros ou prejuízos) e não está relacionada com os sócios ou acionistas.

O valor relativo ao consumo de energia elétrica a pagar após a receção da fatura é um gasto porque é uma diminuição de benefícios económicos futuros na forma de contração de um passivo (contas a pagar comerciais e outras) que resulta numa diminuição do capital próprio (lucros ou prejuízos) e não está relacionada com os sócios ou acionistas.

4.1.2.2. Critérios de reconhecimento

A Estrutura Conceptual do IASB estabelece que um elemento que se enquadra no conceito de gasto só deverá ser reconhecido como tal, na demonstração do rendimento integral, quando se observarem simultaneamente os seguintes critérios de reconhecimento:

- Houve uma diminuição dos benefícios económicos futuros relacionados com uma diminuição de ativos ou um aumento de passivos; e

- O seu valor pode ser determinado com fiabilidade.

Contudo, a Estrutura Conceptual do IASB acrescenta que os gastos que verifiquem os critérios anteriores podem ser reconhecidos de diversas formas:

- Numa base de associação direta entre os gastos incorridos e os rendimentos gerados;

DEMONSTRAÇÃO DO RENDIMENTO INTEGRAL

– Numa base racional e sistemática, quando se espera que os benefícios económicos surjam durante diversos períodos e a relação com os rendimentos só possa ser determinada de forma geral ou indireta; ou

– De imediato, quando uma despesa não irá conduzir à obtenção de benefícios económicos no futuro ou, no caso de existir a expectativa de obtenção de benefícios económicos no futuro, quando a despesa não cumpre os critérios de reconhecimento de um elemento no ativo.

Exemplo 4.4 – Critérios de reconhecimento de gastos

Balanceamento entre gastos e rendimentos

O custo das mercadorias vendidas deve ser reconhecido como gasto, nos lucros ou prejuízos, no momento em que é reconhecido o respetivo rendimento.

Reconhecimento de gastos numa base racional e sistemática

A depreciação de um edifício administrativo deve ser reconhecida como gasto numa base sistemática e racional durante a vida útil do edifício, dado que não é possível estabelecer de forma direta uma relação entre os gastos e os rendimentos gerados a partir da utilização do edifício.

Reconhecimento imediato de gastos

As multas conduzem ao reconhecimento imediato de um gasto, uma vez que a entidade não irá obter benefícios económicos no futuro como resultado da realização desta despesa.

As despesas de pesquisa devem ser reconhecidas, de imediato, como gasto, uma vez que na fase de pesquisa não se consegue demonstrar a relação entre as despesas suportadas e a obtenção de benefícios económicos no futuro, pelo que não se cumpre o primeiro critério de reconhecimento de ativos (probabilidade de obtenção dos benefícios económicos futuros);

As despesas com o desenvolvimento interno de uma marca devem ser reconhecidas, de imediato como gasto, uma vez que a entidade não consegue distinguir entre as despesas suportadas com o desenvolvimento da marca e as despesas suportadas para desenvolver a entidade como um todo, pelo que não se cumpre o segundo critério de reconhecimento de ativos (determinação do custo de modo fiável).

Finalmente, no quadro 4.1 resumem-se os conceitos e os critérios de reconhecimento de rendimentos e gastos na demonstração do rendimento integral.

QUADRO 4.1. **Conceitos e critérios de reconhecimento de rendimentos e gastos**

ELEMENTOS	CONCEITOS	CRITÉRIOS DE RECONHECIMENTO
Rendimentos	Aumentos nos benefícios económicos durante o período contabilístico na forma de obtenção ou melhorias de ativos ou diminuições de passivos que resultem em aumentos do capital próprio, que não sejam os relacionados com as contribuições dos sócios ou acionistas.	Houve um aumento dos benefícios económicos futuros relacionados com um aumento de ativos ou uma diminuição de passivos e o seu valor pode ser determinado com fiabilidade.
Gastos	Diminuições nos benefícios económicos futuros durante o período contabilístico na forma de utilização ou de redução de ativos ou da contração de passivos que resultem em diminuições de capital próprio, que não sejam as relacionadas com as distribuições aos sócios ou acionistas.	Houve uma diminuição dos benefícios económicos futuros relacionados com uma diminuição de ativos ou um aumento de passivos e o seu valor pode ser determinado com fiabilidade.

4.2. Apresentação dos elementos
4.2.1. Estrutura

A IAS 1 estabelece que a demonstração do rendimento integral pode apresentar uma de duas estruturas:

– Uma única demonstração do rendimento integral, onde constam os rendimentos e gastos reconhecidos em lucros ou prejuízos e os rendimentos e gastos reconhecidos como uma componente do outro rendimento integral; ou

– Duas demonstrações, em que a primeira evidencia os rendimentos e gastos reconhecidos em lucros ou prejuízos (Demonstração dos resultados separada) e a segunda apresenta o total dos lucros ou prejuízos e os rendimentos e gastos reconhecidos diretamente em outro rendimento integral (Demonstração do outro rendimento integral).

A IAS 1 estabelece que, regra geral, todos os rendimentos e gastos reconhecidos na demonstração do rendimento integral devem ser incluídos nos lucros ou prejuízos. Algumas IAS/IFRS identificam as situações excecionais em que uma entidade deve ou pode reconhecer um rendimento ou um gasto como uma componente do outro rendimento integral, as quais se identificam no Quadro 4.2.

QUADRO 4.2. **Rendimentos e gastos a reconhecer em outro rendimento integral**

IAS/IFRS	RENDIMENTOS E GASTOS
IAS 16	Excedente resultante da revalorização de ativos fixos tangíveis, que não se possa considerar uma reversão de uma perda de imparidade, quando a entidade adota o modelo de revalorização.
IAS 19	Remensuração do passivo (ativo) líquido de planos de benefício definido.
IAS 21	Diferenças cambiais resultantes da conversão de demonstrações financeiras em entidades estrangeiras.
IAS 28	Parte que corresponde à participação da entidade detentora nos rendimentos e gastos reconhecidos em outro rendimento integral das entidades cuja participação é mensurada pelo método de equivalência patrimonial.
IAS 38	Excedente resultante da revalorização de ativos intangíveis com mercado ativo, que não se possam considerar uma reversão de uma perda de imparidade, quando a entidade adota o modelo de revalorização.
IAS 39	Alterações do justo valor dos ativos financeiros classificados como ativos financeiros disponíveis para venda. Alterações do justo valor dos instrumentos de cobertura de risco de fluxos de caixa e de cobertura de risco de investimentos líquidos numa entidade estrangeira, durante o período de cobertura.

4.2.2. Conteúdo mínimo

A IAS 1 estabelece que, independentemente da estrutura escolhida pela entidade, a demonstração do rendimento integral deve incluir, no mínimo, os elementos que se apresentam no Quadro 4.3.

Quadro 4.3. Conteúdo mínimo da demonstração do rendimento integral

	ELEMENTOS		
Demonstração do rendimento integral	Réditos[2].	Demonstração dos resultados separada	
	Custos financeiros.		
	Parte que corresponde à participação da entidade detentora nos lucros ou prejuízos das entidades cuja participação é mensurada pelo método de equivalência patrimonial.		
	Gastos de impostos.		
	Valor líquido após impostos dos rendimentos e gastos das unidades operacionais descontinuadas.		
	Lucros ou prejuízos (atribuíveis aos interesses que não controlam e aos proprietários da entidade-mãe).		
	Componentes de outro rendimento integral classificados pela sua natureza e agrupados em função dos valores que não irão ser posteriormente reclassificados nos lucros ou prejuízos e os que irão ser posteriormente reclassificados nos lucros ou prejuízos, logo que estejam preenchidas determinadas condições, com indicação do total do outro rendimento integral.		Demonstração do outro rendimento integral
	Rendimento integral do período, composto pelo lucro ou prejuízo total e pelo outro rendimento integral (atribuíveis aos interesses que não controlam e aos proprietários da entidade-mãe).		

[1] É nosso entender que estes devem ser entendidos apenas como os réditos provenientes das vendas de mercadorias e produtos e da prestação de serviços.

A IAS 1 exige ainda a divulgação dos seguintes elementos na demonstração do rendimento integral, preferencialmente, ou nas notas:

- Gastos do período classificados de acordo com a sua natureza (Método da natureza do gasto); ou

- Gastos do período classificados de acordo com as funções da entidade (Método da função do gasto).

Porém, a IAS 1 clarifica que, apesar das dificuldades que possam existir na imputação dos gastos por natureza às diversas funções da entidade, a adoção do método das funções tende a proporcionar informação mais relevante do que a prestada pelo método da natureza do gasto.

Finalmente, a IAS 1 estabelece que a demonstração do rendimento integral pode incluir elementos adicionais, não considerados no conteúdo mínimo, quando previsto noutra IAS/IFRS ou quando a entidade considere que tal procedimento é relevante para uma compreensão do seu desempenho financeiro.

Salienta-se como exemplo que a IAS 18 exige que a entidade apresente, separadamente na demonstração do rendimento integral ou nas notas, o valor de cada categoria significativa de réditos reconhecidos durante o período resultantes da venda de bens, prestação de serviços, juros, *royalties* e dividendos.

Apresenta-se, como exemplo, a demonstração dos resultados separada e a demonstração do outro rendimento integral do grupo Sonae.

Exemplo 4.5 – Demonstração dos resultados separada

SONAE
Demonstração consolidada dos resultados separada
Em 31 de Dezembro de 2011 e 2010
Valores em euros

	2011	2010
Vendas	4.677.553.223	4.768.834.447
Prestação de serviços	1.060.600.768	1.076.452.124
Variação de valor das propriedades de investimento	(18.932.562)	10.440.036
Rendimentos ou perdas relativos a investimentos	(58.319)	14.163.134
Rendimentos e ganhos financeiros	24.353.336	13.637.893
Outros rendimentos	481.817.828	477.195.702
Custo das vendas	(3.627.853.592)	(3.692.492.134)
Variação da produção	688.948	115.278
Fornecimentos e serviços externos	(1.107.652.423)	(1.115.574.483)
Gastos com o pessoal	(711.949.603)	(693.088.421)
Amortizações e depreciações	(311.730.714)	(297.083.607)
Provisões e perdas por imparidade	(56.504.634)	(39.636.907)
Gastos e perdas financeiras	(133.583.238)	(121.014.028)
Outros gastos	(91.250.308)	(100.110.493)
Ganhos ou perdas relativos a empresas associadas	(9.902.057)	(3.817.125)
Resultado antes de impostos	175.596.653	298.021.416
Imposto sobre o rendimento	(36.781.076)	(98.554.823)
Resultado líquido consolidado do exercício	138.815.577	199.466.593
Atribuível a:		
Acionistas da empresa-mãe	103.429.779	167.940.582
Interesses sem controlo	35.385.798	31.526.011
Resultados por ação		
Básico	0,055244	0,089831
Diluído	0,054989	0,089457

Fonte: Relatório e contas de 2011 da Sonae, disponível em http://www.sonae.pt/fotos/contas2/demons
tracoesfinanceirasvf.pdf

DEMONSTRAÇÃO DO RENDIMENTO INTEGRAL

Exemplo 4.6 – Demonstração do outro rendimento integral

SONAE
Demonstração consolidada do outro rendimento integral
Em 31 de Dezembro de 2011 e 2010
Valores em euros

	2011	2010
Resultado líquido consolidado do exercício	138.815.577	199.466.593
Variação nas reservas de conversão cambial	(22.615.448)	24.458.447
Participação em outro rendimento integral líquido de imposto relativo a associadas e empreendimentos conjuntos contabilizados pelo método de equivalência patrimonial	3.408.587	(3.808.332)
Variação no justo valor dos ativos disponíveis para venda	(2.324.000)	(6.972.000)
Variação no justo valor dos derivados de cobertura de fluxos de caixa	4.545.943	4.648.414
Imposto relativo às componentes do outro rendimento integral	(740.622)	(1.784.488)
Outros	66.398	(966.285)
Outro rendimento integral do exercício	(17.659.142)	15.575.756
Total rendimento integral consolidado do exercício	121.156.435	215.042.349
Atribuível a:		
Acionistas da empresa-mãe	92.278.102	180.197.425
Interesses sem controlo	28.878.333	34.844.924

Fonte: Relatório e contas de 2011 da Sonae, disponível em http://www.sonae.pt/fotos/contas2/demons tracoesfinanceirasvf.pdf

4.3. Principais diferenças entre as IAS/IFRS e o SNC

As IAS/IFRS e o SNC apresentam divergências no que respeita à demonstração do rendimento integral. Como se pode observar no Quadro 4.4, o SNC exige a apresentação dos rendimentos e gastos reconhecidos em lucros ou prejuízos isoladamente numa demonstração financeira designada por demonstração dos resultados.

Como se pode verificar no capítulo seguinte, o SNC exige também a divulgação dos rendimentos e gastos a reconhecer em outro rendimento integral, mas como parte integrante da Demonstração de alterações no capital próprio.

QUADRO 4.4. **Demonstração do rendimento integral – IAS/IFRS *versus* SNC**

ASSUNTO	IAS/IFRS	SNC (GERAL E PE)
Estrutura da Demonstração do rendimento integral/ Demonstração dos resultados	Duas estruturas possíveis: – Demonstração do rendimento integral; ou – Demonstração dos resultados separada e Demonstração do outro rendimento integral.	Uma única estrutura. – Demonstração dos resultados.
Conteúdo da Demonstração do rendimento integral/ Demonstração dos resultados	Demonstração do rendimento integral: – Rendimentos e gastos reconhecidos em lucros ou prejuízos; e – Rendimentos e gastos reconhecidos em outro rendimento integral. ou Demonstração dos resultados separada: rendimentos e gastos reconhecidos em lucros ou prejuízos; e Demonstração do outro rendimento integral: rendimentos e gastos reconhecidos em outro rendimento integral.	Demonstração dos resultados: – Rendimentos e gastos reconhecidos em lucros ou prejuízos.

5. Demonstração de alterações no capital próprio

Como parte integrante de um conjunto completo de demonstrações financeiras, as entidades devem também apresentar uma demonstração onde sejam evidenciadas as alterações do capital próprio.

5.1. Apresentação dos elementos

A IAS 1 identifica um conjunto de elementos que devem ser apresentados na demonstração de alterações no capital próprio, nomeadamente:

- O rendimento integral total do período, apurado na demonstração do rendimento integral, indicando separadamente os valores totais atribuíveis aos proprietários da entidade-mãe e os valores atribuíveis aos interesses que não controlam;

- Para cada componente do capital próprio, os efeitos da aplicação do procedimento retrospetivo relacionado com alterações de políticas contabilísticas ou correções de erros, de acordo com a IAS 8. O procedimento retrospetivo relativo a alterações de políticas contabilísticas consiste em aplicar uma nova política contabilística a transacções, outros acontecimentos e condições como se essa política tivesse sido sempre aplicada. Os efeitos da alteração na política contabilística relativos a períodos anteriores devem ser refletidos no capital próprio e os comparativos devem ser reexpressos. De forma semelhante, o procedimento retrospetivo relativo à correcção de erros consiste em corrigir o reconhecimento, mensuração e divulgação de valores de elementos no primeiro conjunto de demonstrações financeiras autorizadas para emissão após a sua descoberta, como se um erro de períodos anteriores nunca tivesse ocorrido. O efeito da correcção de erros de períodos anteriores deve ser reflectido no capital próprio e os comparativos devem ser reexpressos;

– Os valores das transações com proprietários na sua qualidade de proprietários, indicando separadamente as contribuições e as distribuições; e

– Para cada componente do capital próprio, uma reconciliação entre o valor no início e no final do período, divulgando separadamente cada alteração.

Apresenta-se, como exemplo, a demonstração de alterações no capital próprio do grupo Cofina.

Exemplo 5.1 – Demonstração de alterações no capital próprio

COFINA, SGPS
Demonstração consolidada de alterações no capital próprio
Em 31 de Dezembro de 2011 e 2010
Valores em euros

	Capital social	Prémios de emissão de acções	Reserva legal	Outras reservas	Resultado líquido	Total	Interesses sem controlo	Total capital próprio
Saldo em 1 de Janeiro de 2010	25.641.459	15.874.835	5.409.144	(60.362.753)	17.091.529	3.654.214	591.835	4.246.049
Aplicação do resultado líquido consolidado de 2009:								
Transferência para res. legal e resultados transitados				16.065.870	(16.065.870)			
Dividendos distribuídos					(1.025.659)	(1.025.659)	(69.660)	(1.095.319)
Variação nas reservas e interesses sem controlo								
Outras variações				43.055		43.055	(18.420)	24.635
Rendimento integral do exercício				(503.594)	5.018.193	4.514.599	232.154	4.746.753
Saldo em 31 de Dezembro de 2010	25.641.459	15.874.835	5.409.144	(44.757.422)	5.018.193	7.186.209	735.909	7.922.118
Saldo em 1 de Janeiro de 2011	25.641.459	15.874.835	5.409.144	(44.757.422)	5.018.193	7.186.209	735.909	7.922.118
Aplicação do resultado líquido consolidado de 2010:								
Transferência para res. legal e resultados transitados				3.992.534	(3.992.534)			
Dividendos distribuídos					(1.025.659)	(1.025.659)	(88.500)	(1.114.159)
Variação nas reservas e interesses sem controlo								
Outras variações				(47.742)		(47.742)	2.503	(45.239)
Rendimento integral do exercício				182.776	4.812.155	4.994.931	137.899	5.132.830
Saldo em 31 de Dezembro de 2011	25.641.459	15.874.835	5.409.144	(40.629.854)	4.812.155	11.107.739	787.811	11.895.550

Fonte: Relatório e contas de 2011 da Cofina GPS, disponível em http://www.cofina.pt/n/media/files/c/cofina/investor/reports/2011rep/rc2011.pt/rc2011pt.pdf

5.2. Principais diferenças entre as IAS/IFRS e o SNC

As IAS/IFRS e o SNC apresentam divergências no que respeita à demonstração de alterações no capital próprio. Como se pode observar no Quadro 5.1, o SNC exige a apresentação dos rendimentos e gastos reconhecidos diretamente no capital próprio na demonstração de alterações no capital próprio. As IAS/IFRS exigem a apresentação destes rendimentos e gastos na demonstração do rendimento integral.

QUADRO 5.1. **Demonstração de alterações no capital próprio – IAS/IFRS** *versus* **SNC**

ASSUNTO	IAS/IFRS	SNC GERAL	SNC PE
Elementos a apresentar na demonstração de alterações no capital próprio	– Efeito da alteração retrospetiva de políticas contabilísticas e da correção retrospetiva de erros; e – Transações com os proprietários na qualidade de proprietários.	– Efeito da alteração retrospetiva de políticas contabilísticas e da correção retrospetiva de erros; – Transações com os proprietários na qualidade de proprietários; – Rendimentos e gastos reconhecidos diretamente no capital próprio.	Não aplicável.

6. Demonstração dos fluxos de caixa

O objetivo das demonstrações financeiras é o de prestar informação sobre a posição financeira, desempenho financeiro e fluxos de caixa de uma entidade que sejam úteis para a tomada de decisões pelos seus utilizadores. A informação sobre os fluxos de caixa é prestada através da demonstração dos fluxos de caixa.

De acordo com a IAS 1, a demonstração dos fluxos de caixa é parte integrante de um conjunto completo de demonstrações financeiras. Contudo, é a IAS 7 que caracteriza os elementos a incluir na demonstração dos fluxos de caixa, assim como a sua forma de apresentação.

De acordo com a IAS 7, a informação proporcionada pela demonstração dos fluxos de caixa, em conjugação com as restantes demonstrações financeiras, permite que os utilizadores possam avaliar as alterações dos ativos deduzidos dos passivos da entidade, a sua estrutura financeira, incluindo a liquidez e solvência, e a sua capacidade de alterar os montantes e momentos dos fluxos de caixa de modo a se adaptar a novas circunstâncias e oportunidades.

A informação sobre os fluxos de caixa permite ainda que os utilizadores da informação possam avaliar a capacidade da entidade para gerar caixa e equivalentes a caixa, proporcionando o desenvolvimento de modelos que permitam a comparação e avaliação do valor atual dos fluxos de caixa futuros de diversas entidades. A informação sobre os fluxos de caixa reforça também a comparabilidade da informação financeira de diversas entidades, uma vez que elimina os efeitos da adoção de diferentes políticas contabilísticas para transações ou eventos semelhantes.

6.1. Caracterização dos elementos

A demonstração dos fluxos de caixa inclui quatro categorias de elementos, caixa e equivalentes a caixa, fluxos de caixa das atividades operacionais, fluxos de caixa das atividades de investimentos e fluxos de caixa das atividades de financiamento.

6.1.1. Caixa e equivalentes a caixa

A IAS 7 define caixa como numerário e depósitos bancários imediatamente mobilizáveis. Além disso, esta norma define os equivalentes a caixa como investimentos que devem apresentar quatro características:

- São investimentos de curto prazo, isto é, têm que ter uma maturidade curta, geralmente igual ou inferior a três meses;

- Têm liquidez elevada;

- Podem ser rapidamente convertidos em numerário; e

- Estão sujeitos a riscos insignificantes de alteração do seu valor.

Exemplo 6.1 – Conceito de caixa e equivalentes a caixa

Os depósitos à ordem de uma entidade são caixa.

Os depósitos a prazo de três meses de uma entidade são equivalentes a caixa porque são investimentos financeiros a curto prazo, altamente líquidos e que não estão sujeitos a riscos de alteração de valor.

As acções representativas do capital de outra entidade não são equivalentes a caixa mesmo que o investimento seja de curto prazo, uma vez que este investimento financeiro está sujeito a um risco não insignificante de alterações de valor.

6.1.2. Fluxos de caixa das atividades operacionais

A IAS 7 define os fluxos de caixa das atividades operacionais como as entradas e saídas de caixa e seus equivalentes relacionadas com as atividades operacionais da entidade.

As atividades operacionais são definidas como aquelas que constituem o objeto de negócio da entidade ou, não constituindo objeto de negócio da entidade, não se podem classificar nem como atividades de investimento nem como atividades de financiamento.

Exemplo 6.2 – Conceito de fluxos de caixa das atividades operacionais

Recebimentos provenientes de vendas e de prestações de serviços.

Recebimentos de *royalties*.

Recebimentos de honorários e comissões.

Pagamentos referentes a compras de bens e serviços.

Pagamentos a empregados.

Pagamentos de impostos sobre o rendimento.

6.1.3. Fluxos de caixa das atividades de investimento

A IAS 7 define os fluxos de caixa das atividades de investimento como as entradas e saídas de caixa e seus equivalentes relacionadas com as atividades de investimento da entidade.

As atividades de investimento são definidas como as atividades relativas à aquisição e alienação de ativos não correntes e de outros investimentos não incluídos em equivalentes a caixa.

> **Exemplo 6.3 – Conceito de fluxos de caixa das atividades de investimento**
>
> Recebimentos e pagamentos relativos à aquisição e alienação de ativos fixos tangíveis.
>
> Pagamentos e recebimentos relativos à aquisição e alienação de partes de capital e de obrigações.
>
> Recebimento de juros e dividendos.

6.1.4. Fluxos de caixa das atividades de financiamento

A IAS 7 define os fluxos de caixa das atividades de financiamento como as entradas e saídas de caixa e seus equivalentes relacionadas com as atividades de financiamento da entidade.

As atividades de financiamento são definidas como as atividades resultantes de alterações na dimensão e composição do capital próprio e dos empréstimos obtidos.

> **Exemplo 6.4 – Conceito de fluxos de caixa das atividades de financiamento**
>
> Recebimentos provenientes da realização de ações (quotas) e prémios de emissão.
>
> Pagamentos relativos à aquisição de acções (quotas) próprias, redução do capital ou amortização de acções (quotas).
>
> Recebimentos relativos a empréstimos obtidos, qualquer que seja o prazo ou a forma como se encontram representados.
>
> Reembolsos de empréstimos e juros a dividendos pagos.

Finalmente, no quadro 6.1 resumem-se os conceitos de caixa e equivalentes a caixa, de fluxos de caixa das atividades operacionais, de fluxos de caixa das atividades de investimentos e de fluxos de caixa das atividades de financiamento.

DEMONSTRAÇÃO DE FLUXOS DE CAIXA

QUADRO 6.1. Conceitos de caixa e equivalentes a caixa e de fluxos de caixa das atividades operacionais, de investimento e de financiamento

ELEMENTOS	CONCEITOS
Caixa e equivalentes a caixa	Caixa: numerário e depósitos bancários imediatamente mobilizáveis. Equivalentes a caixa: investimentos de curto prazo, com liquidez elevada, rapidamente convertíveis em numerário e sujeitos a riscos insignificantes de alteração do seu valor.
Fluxos de caixa das atividades operacionais	Entradas e saídas de caixa e seus equivalentes relativas a atividades que constituem o objeto de negócio da entidade ou que, não constituindo o objeto de negócio da entidade, não se possam classificar como atividades de investimento ou de financiamento.
Fluxos de caixa das atividades de investimento	Entradas e saídas de caixa e seus equivalentes relativas a aquisições e alienações de ativos não correntes e de outros investimentos não incluídos em equivalentes a caixa.
Fluxos de caixa das atividades de financiamento	Entradas e saídas de caixa e seus equivalentes relativas a atividades resultantes de alterações na dimensão e composição do capital próprio e dos empréstimos obtidos.

6.2. Apresentação dos elementos

A IAS 7 estabelece que os fluxos de caixa devem ser evidenciados por atividades operacionais, de investimento e de financiamento. Os fluxos de caixa das atividades operacionais podem ser apresentados utilizando-se um dos seguintes procedimentos: método direto ou método indireto.

6.2.1. Método direto

Quando os fluxos de caixa das atividades operacionais são apresentados pelo método direto, a entidade divulga os principais componentes dos recebimentos e pagamentos de caixa, em termos brutos. A obtenção daquelas componentes pode ser efetuada, diretamente a partir dos registos contabilísticos da entidade mediante a utilização de um subsistema de informação ou pelo ajustamento das vendas, custos das vendas e outras rubricas dos lucros ou prejuízos.

Exemplo 6.5 – Apresentação dos fluxos de caixa das atividades operacionais pelo método direto

Fluxos de caixa das atividades operacionais

Recebimentos de clientes

Pagamentos a fornecedores

Pagamentos ao pessoal

Pagamento/recebimento do imposto sobre o rendimento

Outros recebimentos/pagamentos

....

6.2.2. Método indireto

Quando os fluxos de caixa das atividades operacionais são apresentados pelo método indireto, a entidade ajusta o lucro ou prejuízo do período dos efeitos das transações que não tenham como contrapartida caixa e seus equivalentes, das alterações durante o período em inventários e dívidas operacionais a receber e a pagar e dos rendimentos ou gastos relacionados com fluxos de caixa respeitantes às atividades de investimento ou de financiamento.

Exemplo 6.6 – Apresentação dos fluxos de caixa das atividades operacionais pelo método indireto

Fluxos de caixa das atividades operacionais

Lucros ou prejuízos

Imparidades

Amortizações e depreciações

Provisões

Resultados financeiros

Aumento/diminuição das dívidas de terceiros

Aumento/diminuição dos inventários

Aumento/diminuição das dívidas a terceiros

Aumento/diminuição dos rendimentos diferidos

Ganhos/perdas na alienação de ativos não correntes

....

Apresenta-se, como exemplo, a demonstração dos fluxos de caixa do grupo Cofina, onde os fluxos de caixa das atividade operacionais são apresentados pelo método direto.

Exemplo 6.7 – Demonstração dos fluxos de caixa (método direto)

COFINA, SGPS
Demonstração consolidada dos fluxos de caixa
Em 31 de Dezembro de 2011 e 2010
Valores em euros

	2011	2010
Atividades operacionais		
Recebimentos de clientes	147.462.634	154.840.24
Pagamentos a fornecedores	(85.970.985)	(90.969.954
Pagamentos ao pessoal	(41.387.644)	(40.817.805
Outros recebimentos/pagamentos relativos à actividade operacional	(1.296.814)	(976.674
Impostos sobre o rendimento das pessoas colectivas	(1.283.351)	(4.139.96(
Fluxos gerados pelas actividades operacionais	17.523.840	17.935.84
Atividades de investimento		
Recebimentos provenientes de:		
Investimentos financeiros	51.627.640	
Ativos intangíveis	25.884	28.25
Juros e proveitos similares	1.370.565	1.414.71
Dividendos	1.486.400	2.430.40
Pagamentos relativos a:		
Investimentos financeiros	(160.000)	(125.00(
Ativos intangíveis	(869.404)	(1.128.88:
Ativos fixos tangíveis	(1.862.612)	(2.768.73;
Fluxos gerados pelas atividades de investimento	51.618.473	(149.25(
Atividades de financiamento		
Recebimentos provenientes de:		
Empréstimos obtidos		
Pagamentos respeitantes a:		
Amortização de contratos de locação financeira	(1.504.206)	(2.385.73:
Juros e custos similares	(5.275.418)	(5.420.97(
Dividendos distribuídos	(1.025.659)	(1.025.65!
Prestações suplementares	(3.570)	
Empréstimos obtidos	(53.000.000)	(49.000.00(
Fluxos gerados pelas atividades de financiamento	(60.808.853)	(57.832.36;
Caixa e seus equivalentes em empresas consolidadas pela primeira vez	–	17.87
Caixa e seus equivalentes no início do exercício	3.869.673	43.897.57
Variação de caixa e seus equivalentes	8.333.460	(40.045.77∠
Caixa e seus equivalentes no fim do exercício	12.203.133	3.869.67

Fonte: Relatório e contas de 2011 da Cofina, SGPS disponível em http://www.cofina.pt/n/media/files/c/cofina/inv tors/reports/2011rep/rc2011pt/rc2011pt.pdf

6.3. Principais diferenças entre as IAS/IFRS e o SNC

As IAS/IFRS e o SNC apresentam divergências no que respeita à demonstração dos fluxos de caixa. Como se pode observar no Quadro 6.2, o SNC exige a apresentação dos fluxos de caixa das atividades operacionais pelo método direto enquanto que as IAS/IFRS permitem a apresentação dos fluxos das actividades operacionais pelo método directo ou indirecto.

QUADRO 6.2. **Demonstração dos fluxos de caixa – IAS/IFRS *versus* SNC**

ASSUNTO	IAS/IFRS	SNC GERAL	SNC PE
Apresentação dos fluxos de caixa das atividades operacionais	Pelo método direto ou indireto.	Pelo método direto.	Não aplicável.

7. Notas

A IAS 1 estabelece que as notas devem conter um conjunto de elementos, que podem ser apresentados de acordo com a seguinte estrutura:

- A base de preparação das demonstrações financeiras, que deve incluir uma declaração de cumprimento das IAS/IFRS;

- Resumo das políticas contabilísticas significativas aplicadas, o qual deve incluir a base ou bases de mensuração usadas na preparação das demonstrações financeiras e as outras políticas contabilísticas usadas que sejam relevantes para uma compreensão das demonstrações financeiras;

- Informação de suporte para os elementos apresentados na demonstração da posição financeira, na demonstração do rendimento integral, na demonstração de alterações no capital próprio e na demonstração dos fluxos de caixa;

- Informação adicional incluindo passivos contingentes e compromissos contratuais não reconhecidos e divulgações não financeiras.

A IAS 1 exige que as entidades elaborem as suas demonstrações financeiras de acordo com o conjunto de IAS/IFRS e respetivas interpretações em vigor, caso em que deverá ser apresentada uma declaração de cumprimento com as IAS/IFRS.

A IAS 1 especifica também que é importante que os utilizadores estejam informados sobre as bases de mensuração utilizadas na preparação das demonstrações financeiras, uma vez que estas formam o pressuposto em que se baseia o conjunto das demonstrações financeiras. As entidades devem também divulgar as políticas contabilísticas específicas utilizadas na preparação das suas demonstrações financeiras, sempre que tal permita que os utilizadores compreendam a forma como os acontecimentos e transações estão refletidos na posição financeira e no desempenho da entidade.

Além da informação sobre as bases de preparação das demonstrações financeiras e das políticas contabilísticas utilizadas, as notas devem conter informação descritiva e mais detalhada sobre os elementos incluídos na demonstração da posição financeira, na demonstração do rendimento integral, na demonstração de alterações no capital próprio e na demonstração dos fluxos de caixa, de modo a complementar a informação apresentada nestas demonstrações financeiras.

A informação descritiva acima referida deve ser apresentada de forma sistemática, isto é, tendo em conta a sequência de apresentação da informação nas restantes demonstrações financeiras. Dito de outro modo, cada elemento da demonstração da posição financeira, da demonstração do rendimento integral, da demonstração de alterações no capital próprio e da demonstração dos fluxos de caixa deve ter uma referência cruzada com a informação apresentada nas notas, a qual deve seguir, como regra geral, a ordem de apresentação dos elementos naquelas demonstrações financeiras.

Finalmente, a IAS 1 especifica que as entidades devem divulgar nas notas um conjunto de informação adicional, sempre que a mesma for exigida por outra IAS/IFRS ou sempre que a entidade considerar que a informação é necessária para uma apresentação apropriada das demonstrações financeiras.

7.1. Informação a divulgar

Cada uma das IAS/IFRS indica o conjunto de informação que as entidades devem divulgar, o qual se apresenta no Quadro 7.1.

De modo a facilitar a comparação entre a informação a divulgar de acordo com as IAS/IFRS e a informação a divulgar de acordo com o

SNC, o Quadro 7.1 identifica com um asterisco (*) cada uma das divulgações exigidas apenas pelas IAS/IFRS e não pelo SNC. Identifica-se também, com dois asteriscos (**), cada uma das divulgações exigidas simultaneamente pelas IAS/IFRS e pelo SNC (regime geral) mas não pelo SNC (pequenas entidades).

QUADRO 7.1. **Informação a divulgar**

IAS/IFRS[1]	INFORMAÇÃO A DIVULGAR
IAS 1: Apresentação DE demonstrações financeiras	Declaração de cumprimento das IAS/IFRS. (*) Informação a divulgar sobre políticas contabilísticas, pressupostos e juízos de valor: – Base ou bases de mensuração usadas na preparação das demonstrações financeiras; – Outras políticas contabilísticas usadas que sejam relevantes para a compreensão das demonstrações financeiras; – Informação sobre os pressupostos que a entidade faz relativamente ao futuro e outras fontes principais de incerteza relativa às estimativas no fim do período de relato que tenham um risco significativo de resultar num ajustamento material nos valores contabilísticos de ativos e passivos no período de relato seguinte; (**) e – Juízos de valor, com exceção dos que envolvam estimativas, que a gerência fez no processo de aplicação das políticas contabilísticas da entidade e que tenham efeito mais significativo nos valores reconhecidos nas demonstrações financeiras. (**) Natureza e valor de rendimentos ou de gastos materiais. (**) Informação adicional sobre a natureza dos gastos, incluindo gastos de depreciação e de amortização e gastos com os benefícios dos empregados, sempre que a entidade apresen-

[1] Por se aplicarem a situações muito específicas, não foram as contempladas as seguintes normas: IAS 26, IFRS 1 e IFRS 4.

IAS/IFRS	INFORMAÇÃO A DIVULGAR

IAS 1:
Apresentação de
demonstrações
financeiras
	tar os gastos na demonstração do rendimento integral classificados por função. (*)
	
	Dividendos propostos ou declarados antes de as demonstrações financeiras serem autorizadas para emissão mas não reconhecidos como distribuição aos proprietários, incluindo o valor dos dividendos por ação. (*)
	
	Dividendos preferenciais cumulativos não reconhecidos. (*)
	
	Informação a divulgar sobre instrumentos de capital próprio: (*)
	
	— Objetivos, políticas e processos da entidade para gerir o capital, nomeadamente:
	
	  • Informação qualitativa sobre os seus objetivos, políticas e processos para gerir o capital (incluindo uma descrição daquilo que a entidade gere como capital quando está sujeita a requisitos de capital impostos externamente, a natureza desses requisitos e a forma como eles são incorporados na gestão do capital) e a forma como a entidade está a cumprir os seus objetivos em termos de gestão do capital, incluindo quaisquer alterações em relação ao período precedente;
	
	  • Resumo dos dados quantitativos daquilo que a entidade gere como capital, incluindo quaisquer alterações em relação ao período precedente; e
	
	  • Se, durante o período, a entidade cumpriu os requisitos de capital impostos externamente e aos quais está sujeita. Em caso de incumprimento, divulgar as suas consequências;
	
	— Se uma entidade tiver reclassificado um instrumento financeiro com uma opção *put* classificado como um instrumento de capital próprio, ou um instrumento que impõe à entidade uma obrigação de entregar a outra parte uma parte *pro rata* dos ativos líquidos da entidade aquando da liquidação e é classificado como um instrumento de capital próprio entre passivos financeiros e capital próprio: montante reclassificado de uma categoria para a outra

IAS/IFRS	INFORMAÇÃO A DIVULGAR

IAS 1:
Apresentação de
demonstrações
financeiras
	(passivos financeiro ou capital próprio), bem como a data e as razões para essa reclassificação; e
	
	– Informação sobre instrumentos financeiros com uma opção *put* classificados como instrumentos de capital próprio:
	
	  • Resumo dos dados quantitativos sobre o valor classificado como capital próprio;
	
	  • Objetivos, políticas e procedimentos da entidade para gerir a sua obrigação de recomprar ou remir os instrumentos quando tal lhe seja imposto pelos detentores do instrumento, incluindo quaisquer alterações em relação ao período precedente; e
	
	  • Saída de caixa esperada como resultado da remição ou recompra dos instrumentos financeiros e indicação da forma como esta foi determinada.
	
	Outra informação a divulgar, quando não apresentada na demonstração da posição financeira ou na demonstração de alterações no capital próprio:
	
	– Para cada classe de capital por ações:
	
	  • Quantidade de ações autorizadas;
	
	  • Quantidade de ações emitidas, discriminando as que foram inteiramente pagas e as que não foram inteiramente pagas; (**)
	
	  • Valor ao par por ação ou indicação de que as ações não têm valor ao par;
	
	  • Reconciliação da quantidade de ações em circulação no início e no fim do período; (**)
	
	  • Direitos, preferências e restrições das ações, incluindo restrições na distribuição de dividendos e no reembolso de capital; (**)
	
	  • Ações da entidade detidas pela própria entidade ou por subsidiárias ou associadas; (**)
	
	  • Ações reservadas para emissão em consequência de opções e contratos para a venda de ações, incluindo os termos e os valores envolvidos; (*) e

IAS/IFRS	INFORMAÇÃO A DIVULGAR
IAS 1: **Apresentação de demonstrações financeiras**	– Descrição da natureza e da finalidade de cada reserva apresentada no capital próprio. (**) Outra informação a divulgar, quando não apresentada noutro local em informação publicada com as demonstrações financeiras: – Domicílio da entidade; – Forma jurídica da entidade, o seu país de registo e o endereço da sede registada (ou o local principal dos negócios, se diferente da sede registada); (*) – Descrição da natureza das operações da entidade e das suas principais atividades; – Nome da empresa-mãe e da empresa-mãe de topo do grupo; e – Duração do seu período de vida da entidade, caso este seja limitado. (*) Informação a divulgar em situações excepcionais: – Quando uma entidade se afastar de um requisito de uma IAS/IFRS: informar que a gerência concluiu que as demonstrações financeiras apresentam de forma apropriada a posição financeira, o desempenho financeiro e os fluxos de caixa da entidade; que a entidade cumpriu as IAS/IFRS aplicáveis, exceto que se afastou de um requisito particular a fim de conseguir uma apresentação apropriada; o título da IAS/IFRS da qual a entidade se afastou, a natureza do afastamento, incluindo o tratamento que a IAS/IFRS exigiria, a razão pela qual esse tratamento seria tão enganoso nas circunstâncias que entrasse em conflito com o objetivo das demonstrações financeiras e o tratamento adotado; e para cada período apresentado, o efeito financeiro do afastamento em cada elemento nas demonstrações financeiras que teria sido relatado no cumprimento do requisito; (*) – Quando a gerência concluir que o cumprimento com um requisito de uma IAS/IFRS seria tão enganoso que entraria em conflito com o objetivo das demonstrações financeiras, mas a estrutura conceptual reguladora relevante proibir o

IAS/IFRS	INFORMAÇÃO A DIVULGAR
	afastamento do requisito: o título da IAS/IFRS em questão, a natureza do requisito e a razão pela qual a gerência concluiu que o cumprimento desse requisito é enganador e, para cada período apresentado, os ajustamentos a cada elemento das demonstrações financeiras que a gerência tenha concluído serem necessários para conseguir uma apresentação apropriada; (*) – Quando a gerência estiver consciente, ao fazer a sua avaliação, de incertezas materiais relacionadas com acontecimentos ou condições que possam lançar dúvidas significativas acerca da capacidade da entidade de prosseguir como uma entidade em continuidade: indicar essas incertezas; – Quando uma entidade alterar o fim do seu período de relato e apresentar demonstrações financeiras para um período mais longo ou mais curto do que um ano: indicar a razão para usar um período mais longo ou mais curto e o facto dos valores apresentados nas demonstrações financeiras não serem inteiramente comparáveis; – Quando a entidade reclassificar valores comparativas: indicar a natureza da reclassificação, o valor de cada elemento ou classe de elementos que é reclassificado e a razão da reclassificação; (*) – Quando for impraticável reclassificar valores comparativos: indicar a razão para não reclassificar os valores e a natureza dos ajustamentos que teriam sido feitos se os valores tivessem sido reclassificados; e – Quando for impraticável divulgar a extensão dos possíveis efeitos de um pressuposto ou de uma outra fonte da incerteza das estimativas no fim do período de relato: indicar que é razoavelmente possível, com base no conhecimento existente, que as consequências ao longo do período de relato seguinte, que sejam diferentes do pressuposto, possam exigir um ajustamento material na quantia escriturada do valor contabilístico do ativo ou passivo afetado. (*)

IAS 2: Inventários	Políticas contabilísticas adotadas na mensuração dos inventários, incluindo a fórmula de custeio usada.

IFRS – DEMONSTRAÇÕES FINANCEIRAS – UM GUIA PARA EXECUTIVOS

IAS/IFRS	INFORMAÇÃO A DIVULGAR
IAS 2: **Inventários**	Valor contabilístico total de inventários e valor contabilístico de cada categoria de inventário usando classificações apropriadas para a entidade. Valor de inventários apresentados pelo justo valor deduzido das despesas de venda (corretores/negociantes). Valor de inventários reconhecido como gasto durante o período. Valor de qualquer redução do valor de inventários reconhecida como gasto do período. Valor de qualquer reversão de reduções anteriores no valor de inventários que seja reconhecido como uma diminuição do valor de inventários reconhecido como gasto do período. Circunstâncias ou acontecimentos que conduziram à reversão de uma redução de inventários. Valor contabilístico de inventários dados como garantia de passivos.
IAS 7: **Demonstrações dos fluxos de caixa[2]**	Componentes de caixa e seus equivalentes e reconciliação dos valores incluídos na demonstração dos fluxos de caixa com os elementos equivalentes relatados na demonstração da posição financeira. (*) Política adotada na determinação da composição de caixa e seus equivalentes. (*) Comentário da gerência e valor dos saldos significativos de caixa e seus equivalentes detidos pela entidade que não estejam disponíveis para uso do grupo. Informação a divulgar sobre as aquisições e as alienações de subsidiárias ou de outras unidades empresariais durante o período:

[2] Este assunto não está contemplado no SNC (pequenas entidades).

IAS/IFRS	INFORMAÇÃO A DIVULGAR
IAS 7: **Demonstrações** **dos fluxos de** **caixa**	– Valor total da compra ou da alienação; – Valor da compra ou da alienação liquidada por meio de caixa e seus equivalentes; – Valor de caixa e seus equivalentes na subsidiária ou na unidade empresarial adquirida ou alienada; e – Valor dos ativos e passivos que não sejam caixa ou seus equivalentes na subsidiária ou unidade empresarial adquirida ou alienada, resumida por cada categoria principal. Informação recomendada: (*) – Valor das facilidades de empréstimos obtidos não usados que possa estar disponível para atividades operacionais futuras e para liquidar compromissos de capital, indicando quaisquer restrições no uso destas facilidades; – Valor agregado dos fluxos de caixa que representem aumentos na capacidade operacional separadamente dos fluxos de caixa que sejam exigidos para manter a capacidade operacional; e – Valor dos fluxos de caixa provenientes das atividades operacionais, de investimento e de financiamento de cada segmento relatável.
IAS 8: **Políticas** **contabilísticas,** **alterações nas** **estimativas** **contabilísticas** **e erros**	Informação a divulgar sobre a aplicação inicial de uma norma ou de uma interpretação com efeitos no período corrente ou em qualquer período anterior ou que possa ter efeitos em períodos futuros:[3] – Título da norma ou interpretação; ** – Natureza da alteração na política contabilística; ** – Valor do ajustamento relacionado com períodos anteriores aos apresentados, até ao ponto em que seja praticável; ** – Descrição das disposições transitórias e indicação de que a alteração na política contabilística é feita de acordo com as suas disposições transitórias, caso existam; *

[3] De acordo com o SNC (regime geral), esta informação não terá que ser divulgada caso a entidade considere impraticável a determinação do valor do ajustamento.

IFRS – DEMONSTRAÇÕES FINANCEIRAS – UM GUIA PARA EXECUTIVOS

IAS/IFRS	INFORMAÇÃO A DIVULGAR
IAS 8: Políticas contabilísticas, alterações nas estimativas contabilísticas e erros	– Disposições transitórias que possam ter efeitos em futuros períodos, quando aplicável; * – Valor do ajustamento para cada elemento afetado das demonstrações financeiras e para os resultados por ação básicos e diluídos, para o período corrente e cada período anterior apresentado, até ao ponto em que seja praticável; * e – Circunstâncias que levaram à não aplicação do tratamento retrospetivo e uma descrição de como e desde quando a política contabilística tem sido aplicada, se a aplicação retrospetiva for impraticável para um período anterior em particular, ou para períodos anteriores aos apresentados.* Informação a divulgar sobre uma alteração voluntária em políticas contabilísticas com efeitos no período corrente ou em qualquer período anterior ou que possa ter efeitos em períodos futuros: – Natureza da alteração na política contabilística; – Razões pelas quais a aplicação da nova política contabilística proporciona informação fiável e mais relevante; – Valor do ajustamento para cada elemento afetado das demonstrações financeiras para o período corrente e cada período anterior apresentado, até ao ponto em que seja praticável; – Valor do ajustamento para os resultados por ação básicos e diluídos para o período corrente e cada período anterior apresentado, até ao ponto em que seja praticável; * – Valor do ajustamento relacionado com períodos anteriores aos apresentados, até ao ponto em que seja praticável; e – Circunstâncias que levaram à não aplicação do tratamento retrospetivo e uma descrição de como e desde quando a política contabilística tem sido aplicada, se a aplicação retrospectiva for impraticável para um período anterior em particular, ou para períodos anteriores aos apresentados. *

NOTAS

IAS/IFRS	INFORMAÇÃO A DIVULGAR
IAS 8: **Políticas contabilísticas, alterações nas estimativas contabilísticas e erros**	Informação a divulgar quando a entidade não aplica uma nova norma ou interpretação que tenha sido emitida mas que ainda não esteja em vigor: * – Título da nova norma ou interpretação e indicação de que a mesma não é aplicada; e – Informação conhecida ou razoavelmente calculável que seja relevante para avaliar o possível impacto que a aplicação da nova norma ou interpretação irá ter nas demonstrações financeiras da entidade no período da aplicação inicial, nomeadamente: • Natureza da alteração ou alterações previstas; • Data até à qual se exige a aplicação da norma ou interpretação; • Data na qual a entidade planeia aplicar inicialmente a norma ou interpretação; e • Discussão do impacto que se espera que a aplicação inicial da norma ou interpretação tenha nas demonstrações financeiras da entidade ou, se esse impacto não for conhecido ou razoavelmente calculável, uma declaração para esse efeito. Informação a divulgar sobre alterações nas estimativas contabilísticas: – Natureza e valor das alterações que tenham efeito no período corrente ou que se espera que tenham efeito em períodos futuros, a não ser que seja impraticável determinar esse efeito; e – Indicação de que é impraticável estimar o valor do efeito em futuros períodos, se aplicável. Informação a divulgar sobre a correção retrospetiva de erros de períodos anteriores: – Natureza do erro; – Valor da correção para cada período anterior apresentado, até ao ponto em que seja praticável;

IAS/IFRS	INFORMAÇÃO A DIVULGAR
IAS 8: Políticas contabilísticas, alterações nas estimativas contabilísticas e erros	– Valor da correção para cada elemento afetado das demonstrações financeiras e para resultados por ação básicos e diluídos, para cada período anterior apresentado, até ao ponto em que seja praticável; * – Valor da correção no início do período anterior mais antigo apresentado; e – Se a reexpressão retrospetiva for impraticável para um período anterior em particular, as circunstâncias que levaram à existência dessa condição e uma descrição de como e desde quando o erro foi corrigido.

IAS/IFRS	INFORMAÇÃO A DIVULGAR
IAS 10: Acontecimentos após o período de relato[4]	Informação a divulgar sobre a emissão de demonstrações financeiras: – Data de autorização de emissão das demonstrações financeiras e a pessoa que a autorizou; e – Se os proprietários ou outras pessoas têm o poder de alterar as demonstrações financeiras após a sua emissão. Informação a divulgar sobre cada categoria material de acontecimentos após o período de relato que não dão lugar a ajustamentos: – Natureza do acontecimento; e – Estimativa do seu efeito financeiro ou uma declaração de que tal estimativa não pode ser feita.

IAS/IFRS	INFORMAÇÃO A DIVULGAR
IAS 11: Contratos de construção[5]	Valor do rédito do contrato reconhecido como rédito do período. Métodos usados para determinar o rédito do contrato reconhecido no período. Métodos usados para determinar a fase de acabamento dos contratos em curso.

[4] Este assunto não está contemplado no SNC (pequenas entidades).
[5] Este assunto não está contemplado no SNC (pequenas entidades).

NOTAS

IAS/IFRS	INFORMAÇÃO A DIVULGAR
IAS 11: **Contratos de construção**	Informação a divulgar sobre os contratos em curso no fim do período de relato: – Valor agregado dos custos incorridos e lucros reconhecidos até à data; – Valor de adiantamentos recebidos; e – Valor das retenções efetuadas.

IAS/IFRS	INFORMAÇÃO A DIVULGAR
IAS 12: **Impostos sobre o rendimento**	Principais componentes de gasto (rendimento) de imposto, os quais podem incluir[6]: – Gasto (rendimento) por impostos correntes; – Ajustamentos reconhecidos no período de impostos correntes de períodos anteriores; – Gasto (rendimento) por impostos diferidos relacionado com a origem e reversão de diferenças temporárias; ** – Gasto (rendimento) por impostos diferidos relacionado com alterações nas taxas de tributação ou com o lançamento de novos impostos; ** – Benefícios provenientes de uma perda fiscal não reconhecida anteriormente, de crédito fiscal ou de diferença temporária de um período anterior que seja usada para reduzir gastos de impostos correntes; ** – Benefícios provenientes de uma perda fiscal não reconhecida anteriormente, de crédito fiscal ou de diferença temporária de um período anterior que seja usada para reduzir gastos de impostos diferidos; ** – Gastos por impostos diferidos provenientes de uma redução, ou reversão de uma diminuição anterior, de um ativo por impostos diferidos; ** e – Gasto (rendimento) de imposto relativo às alterações nas políticas contabilísticas e nos erros que estão incluídas nos lucros ou prejuízos por ser impraticável adotar um tratamento retrospetivo. **

[6] Contrariamente à IAS 12, que apresenta um conjunto de informações que podem ser divulgadas, o SNC (regime geral) exige a sua divulgação.

IFRS – DEMONSTRAÇÕES FINANCEIRAS – UM GUIA PARA EXECUTIVOS

IAS/IFRS	INFORMAÇÃO A DIVULGAR
IAS 12: **Impostos sobre o** **rendimento**	Imposto corrente agregado relacionado com elementos que sejam debitados ou creditados ao capital próprio. Imposto diferido agregado relacionado com elementos que sejam reconhecidos em outro rendimento integral. ** Explicação do relacionamento entre gasto (rendimento) de impostos e lucro contabilístico, utilizando apenas uma ou as duas reconciliações seguintes: ** – Reconciliação numérica entre o gasto (rendimento) de imposto e o produto do lucro contabilístico multiplicado pela taxa fiscal aplicável, divulgando também a base pela qual a taxa fiscal aplicável é calculada; e – Reconciliação numérica entre a taxa média efetiva de imposto e a taxa de imposto aplicável, descrevendo a base pela qual é calculada a taxa de imposto aplicável. Explicação de alterações na taxa de imposto aplicável relativamente à taxa do período contabilístico anterior. ** Valor e data de extinção, se existir, de diferenças temporárias dedutíveis, perdas fiscais não usadas, e créditos fiscais não usados relativamente aos quais nenhum ativo por impostos diferidos tenha sido reconhecido. ** Valor agregado de diferenças temporárias relacionadas com investimentos em subsidiárias, sucursais e associadas e interesses em empreendimentos conjuntos, relativamente aos quais nenhum passivo por impostos diferidos tenha sido reconhecido. ** Informação a divulgar para cada tipo de diferença temporária e para cada tipo de perdas por impostos não usadas e créditos fiscais não usados: ** – Valor dos ativos e passivos por impostos diferidos reconhecidos na demonstração da posição financeira para cada período apresentado; e – Valor de rendimentos ou gastos por impostos diferidos reconhecidos na demonstração do rendimento integral, se

IAS/IFRS	INFORMAÇÃO A DIVULGAR
IAS 12: **Impostos sobre o** **rendimento**	tal não for evidente pelas alterações nos valores reconhecidos na demonstração da posição financeira. Informação a divulgar sobre as unidades operacionais descontinuadas: ** – Gasto de imposto relacionado com o ganho ou perda da descontinuação; e – Gasto de imposto relacionado com o resultado das atividades ordinárias da unidade operacional descontinuada reconhecido no período e os valores correspondentes de cada período anterior apresentado. Valor do imposto de rendimento dos dividendos da entidade que foram propostos ou declarados antes das demonstrações financeiras serem autorizadas para emissão, mas que não são reconhecidos como passivo nas demonstrações financeiras. ** Informação a divulgar relativa ao efeito de uma concentração de atividades empresariais: * – Alteração no valor reconhecido como ativo por impostos diferidos pré-aquisição, se uma concentração de atividades empresariais na qual a entidade é a adquirente causar essa alteração; e – Descrição do acontecimento ou da alteração nas circunstâncias que levaram a que os benefícios por impostos diferidos fossem reconhecidos, se os benefícios por impostos diferidos adquiridos numa concentração de atividades empresariais não forem reconhecidos à data de aquisição mas forem reconhecidos após a data de aquisição. Valor de um ativo por impostos diferidos e a natureza das provas que suportam o seu reconhecimento, quando a utilização do ativo por impostos diferidos é dependente de lucros tributáveis futuros superiores aos lucros provenientes da reversão de diferenças temporárias tributáveis existentes e a entidade tiver sofrido um prejuízo quer no período corrente quer no período precedente na jurisdição fiscal com a qual se relaciona o ativo por impostos diferidos. **

IFRS – DEMONSTRAÇÕES FINANCEIRAS – UM GUIA PARA EXECUTIVOS

IAS/IFRS	INFORMAÇÃO A DIVULGAR
IAS 12: **Impostos sobre o rendimento**	Informação a divulgar quando, de acordo com a legislação do país, a forma pela qual a entidade recupera ou liquida um ativo ou passivo pode afectar a taxa de tributação e/ou a base fiscal: * – Natureza das potenciais consequências do imposto sobre o rendimento que resultariam do pagamento de dividendos aos seus acionistas; e – Valores das potenciais consequências do imposto sobre o rendimento praticamente determináveis e se existem ou não quaisquer potenciais consequências no imposto de rendimento não praticamente determináveis.

IAS/IFRS	INFORMAÇÃO A DIVULGAR
IAS 16: **Ativos fixos tangíveis**	Informação a divulgar para cada classe de ativos fixos tangíveis:[7] – Critérios de mensuração usados para determinar o valor bruto; – Métodos de depreciação usados; – Vidas úteis ou taxas de depreciação usadas; – Valor bruto e depreciação acumulada (incluindo perdas por imparidade acumuladas) no início e no fim do período; e – Reconciliação do valor contabilístico no início e no fim do período que mostre: • Adições; • Ativos classificados como detidos para venda ou incluídos num grupo para alienação classificado como detido para venda; ** • Alienações; • Aquisições por intermédio de concentrações de atividades empresariais; *

[7] De acordo com o SNC, esta informação não tem que ser divulgada separadamente para cada classe de ativos fixos tangíveis.

NOTAS

IAS/IFRS	INFORMAÇÃO A DIVULGAR
IAS 16: **Ativos fixos** **tangíveis**	• Aumentos ou reduções resultantes de revalorizações e de perdas por imparidade reconhecidas ou revertidas em outro rendimento integral; • Perdas por imparidade reconhecidas nos lucros ou prejuízos; • Perdas por imparidade revertidas nos lucros ou prejuízos; • Depreciações; • Diferenças cambiais líquidas resultantes da transposição das demonstrações financeiras da moeda funcional para uma moeda de apresentação diferente; * e • Outras alterações. Informação a divulgar para os ativos fixos tangíveis sujeitos à aplicação do modelo de revalorização: – Data de eficácia da revalorização; – Se esteve ou não cnvolvido um avaliador independente; ** – Excedente de revalorização, indicando a alteração do período e quaisquer restrições na distribuição do saldo aos acionistas; ** e – O valor contabilístico que teria sido reconhecido se os ativos tivessem estado sujeitos à aplicação do modelo do custo, separadamente para cada classe de ativo revalorizado. * Outra informação exigida: – Existência e valor de restrições de titularidade de ativos fixos tangíveis que tenham sido dados como garantia de passivos; – Valor de compromissos contratuais para aquisição de ativos fixos tangíveis; – Valor de dispêndios reconhecido no valor contabilístico de um ativo fixo tangível no decurso da sua construção; ** e – Valor de compensação por terceiros de ativos fixos tangíveis que estiverem com imparidade, perdidos ou cedidos incluída nos lucros ou prejuízos, se não for divulgada separadamente na demonstração do rendimento integral. **

IAS/IFRS	INFORMAÇÃO A DIVULGAR
IAS 16: **Ativos fixos tangíveis**	Informação recomendada: * – Valor contabilístico de ativos fixos tangíveis que estejam temporariamente ociosos; – Valor bruto dos ativos fixos tangíveis totalmente depreciados que ainda estejam em uso; – Valor contabilístico de ativos fixos tangíveis retirados de uso e não classificados como detidos para venda; e – Justo valor dos ativos fixos tangíveis, quando este for materialmente diferente do valor contabilístico, para os ativos fixos tangíveis sujeitos à aplicação do modelo do custo.

IAS 17:
 Locações
	Informação sobre contratos de locação financeira a divulgar nas demonstrações financeiras do locatário:
	
	 – Valor contabilístico no fim do período de relato para cada categoria de ativo; **
	
	 – Reconciliação entre o total dos futuros pagamentos mínimos da locação no fim do período de relato e o seu valor presente;
	
	 – Total dos futuros pagamentos mínimos da locação no fim do período de relato, e o seu valor presente, para cada um dos seguintes períodos: menos de um ano; mais de um ano e menos de cinco anos; e mais de cinco anos;
	
	 – Rendas contingentes reconhecidas como gasto do período;
	
	 – Total dos futuros pagamentos mínimos de sublocação que se espera que sejam recebidos nas sublocações não canceláveis no fim do período de relato; e
	
	 – Descrição geral dos acordos de locação materiais, incluindo mas não limitando ao seguinte: **
	
	   • Base pela qual é determinada a renda contingente a pagar;
	
	   • Existência e termos de renovação ou de opções de compra e cláusulas de escalonamento; e
	
	   • Restrições impostas por acordos de locação, tais como as que respeitam a dividendos, divida adicional e posterior locação.

NOTAS

IAS/IFRS	INFORMAÇÃO A DIVULGAR

IAS 17:
Locações
	Informação sobre contratos de locação operacional a divulgar nas demonstrações financeiras do locatário:
	
	– Total dos futuros pagamentos mínimos da locação nas locações não canceláveis para cada um dos seguintes períodos: menos de um ano; mais de um ano e menos de cinco anos; e mais de cinco anos;
	
	– Total dos futuros pagamentos mínimos de sublocação que se espera que sejam recebidos nas sublocações não canceláveis no fim do período de relato;
	
	– Pagamentos de locação e de sublocação reconhecidos como gasto do período, com valores separados para pagamentos mínimos de locação, rendas contingentes e pagamentos de sublocação; e
	
	– Descrição geral dos acordos de locação materiais, incluindo mas não limitando ao seguinte: **
	
	  • Base pela qual é determinada a renda contingente a pagar;
	
	  • Existência e termos de renovação ou de opções de compra e cláusulas de escalonamento; e
	
	  • Restrições impostas por acordos de locação, tais como as que respeitam a dividendos, divida adicional e posterior locação.
	
	Informação sobre contratos de locação financeira a divulgar nas demonstrações financeiras do locador:
	
	– Reconciliação entre o investimento bruto na locação à data do Balanço e o valor presentem dos pagamentos mínimos da locação a receber no fim do período de relato;
	
	– Investimento bruto na locação e valor presente dos pagamentos mínimos da locação a receber no fim do período de relato para cada um dos seguintes períodos: menos de um ano; mais de um ano e menos de cinco anos; e mais de cinco anos;
	
	– Rendimento financeiro não obtido;
	
	– Valores residuais não garantidos que acresçam ao benefício do locador;

93

IAS/IFRS	INFORMAÇÃO A DIVULGAR
IAS 17: Locações	– Dedução acumulada para pagamentos mínimos incobráveis da locação a receber; – Rendas contingentes reconhecidas como rendimento durante o período; e – Descrição geral dos acordos materiais de locação do locador. Informação sobre contratos de locação operacional a divulgar nas demonstrações financeiras do locador: ** – Futuros pagamentos mínimos da locação segundo locações operacionais não canceláveis no agregado e para cada um dos seguintes períodos: menos de um ano; mais de um ano e menos de cinco anos; e mais de cinco anos; – Total das rendas contingentes reconhecidas como rendimento durante o período; e – Descrição geral dos acordos de locação do locador.
IAS 18: Rédito	Políticas contabilísticas adotadas para o reconhecimento do rédito, incluindo os métodos adoptados para determinar a fase de acabamento de transações que envolvam a prestação de serviços. Valor de cada categoria significativa de rédito reconhecida durante o período, incluindo o rédito proveniente da venda de bens, da prestação de serviços, dos juros, de *royalties* e de dividendos. Valor do rédito proveniente de trocas de bens ou serviços incluídos em cada categoria significativa do rédito. *
IAS 19: Benefícios dos empregados[8]	Informação a divulgar sobre planos de benefício pós-emprego que sejam planos de contribuição definida:

[8] O SNC (pequenas entidades) exige apenas a divulgação do número médio de empregados durante o ano.

IAS/IFRS	INFORMAÇÃO A DIVULGAR

IAS 19: **Benefícios dos empregados**	– Valor reconhecido como gasto.
	
	Informação a divulgar sobre planos de benefício pós-emprego que sejam planos de benefício definido:
	
	– Natureza dos benefícios proporcionados pelo plano;
	
	– Descrição do quadro regulamentar pelo qual se rege o plano e de quaisquer efeitos que o quadro regulamentar tenha no plano, como o limite máximo de ativos;
	
	– Descrição de quaisquer outras responsabilidades que a entidade tenha na governação do plano;
	
	– Descrição dos riscos a que o plano expõe a entidade;
	
	– Descrição de qualquer alteração, cancelamento antecipado e liquidações do plano;
	
	– Reconciliação dos saldos de abertura e de fecho do valor do passivo (ativo) líquido de benefícios definidos, apresentando reconciliações separadas para os ativos do plano; o valor presente da obrigação de benefícios definidos; e o efeito do limite máximo de ativos e de quaisquer direitos de reembolso, apresentado cada um dos seguintes elementos:
	
	  • Custo do serviço corrente;
	
	  • Juros recebidos ou pagos;
	
	  • Remensuração do passivo (ativo) líquido de benefícios definidos, apresentando em separado o retorno dos ativos do plano, excluindo os valores incluídos nos juros; os ganhos e perdas atuariais resultantes de alterações dos pressupostos demográficos e/ou financeiros; e as variações do efeito de restringir um ativo líquido de benefícios definidos ao limite máximo de ativos, excluindo as quantias incluídas nos juros;
	
	  • Custo do serviço passado e os ganhos e perdas resultantes de liquidações;
	
	  • Efeito de alterações cambiais;
	
	  • Contribuições para o plano, indicando em separado as contribuições do empregador e dos participantes do plano;

IFRS – DEMONSTRAÇÕES FINANCEIRAS – UM GUIA PARA EXECUTIVOS

IAS/IFRS	INFORMAÇÃO A DIVULGAR

IAS 19:
Benefícios dos
empregados
	• Pagamentos do plano, indicando em separado os pagamentos referentes a quaisquer liquidações; e
	
	• Efeitos de concentrações de atividades empresariais e alienações;
	
	– Desagregação do justo valor dos ativos do plano em classes que distingam a natureza e os riscos de tais ativos, subdividindo cada classe de ativos do plano em ativos que têm e em ativos que não têm um preço de mercado cotado num mercado ativo;
	
	– Justo valor dos instrumentos financeiros transferíveis que a própria entidade detém como ativos do plano e justo valor dos ativos do plano que são imóveis ocupados ou outros ativos usados pela entidade;
	
	– Pressupostos atuariais significativos usados para determinar o valor presente da obrigação de benefícios definidos;
	
	– Informação a divulgar sobre o valor, calendários e incerteza dos fluxos de caixa futuros:
	
	  • Análise de sensibilidade para cada pressuposto atuarial significativo no fim do período de relato, que mostre de que modo a obrigação de benefícios definidos teria sido afectada por alterações nesse pressuposto que possam ter razoavelmente ocorrido naquela data;
	
	  • Métodos e pressupostos usados para preparar a análise de sensibilidade e eventuais limitações a esses métodos;
	
	  • Alterações, relativamente ao período anterior, nos métodos e pressupostos usados para preparar a análise de sensibilidade, e os motivos de tais alterações; e
	
	  • Descrição de quaisquer estratégias de gestão do ativo/passivo usadas pelo plano ou pela entidade, incluindo o recurso a anuidades e outras técnicas, tais como *swaps* de longevidade, para gerir o risco;
	
	– Informação a divulgar sobre o efeito do plano de benefícios futuros nos fluxos de caixa futuros da entidade:
	
	  • Descrição de quaisquer acordos de financiamento e políticas de financiamento que afectem as contribuições futuras;

IAS/IFRS	INFORMAÇÃO A DIVULGAR
IAS 19: **Benefícios dos** **empregados**	• Contribuições previstas para o plano durante o próximo período de relato anual; e • Perfil de maturidade da obrigação de benefícios definidos; – Informação a divulgar sobre planos multiempregador: • Descrição dos acordos de financiamento, incluindo o método usado para determinar a taxa de contribuição da entidade e quaisquer requisitos de financiamento mínimo; • Descrição da medida em que a entidade pode ser responsável perante o plano pelas obrigações de outras entidades segundo os termos e condições do plano multiempregador; • Descrição de qualquer afetação acordada de um défice ou excedente em caso de liquidação do plano; • Descrição da saída do plano por parte da entidade; e • Quando a entidade contabiliza o plano como se fosse um plano de contribuições: indicação de que o plano é de benefícios definidos; razão por que não está disponível informação suficiente para habilitar a entidade a contabilizar o plano como plano de benefícios definidos; contribuições previstas para o plano durante o próximo período de relato anual; informações sobre qualquer défice ou excedente do plano que possa afectar a quantia de contribuições futuras, incluindo a base usada para determinar esse défice ou excedente e as eventuais implicações para a entidade; indicação do nível de participação da entidade no plano, em comparação com outras entidades participantes; e – Informação a divulgar sobre planos de benefícios definidos que partilham riscos entre entidades sob controlo comum: • Acordo contratual ou política expressa para debitar o custo líquido dos benefícios definidos ou indicação de que tal política não existe; e • Política usada para determinar as contribuições a pagar pela entidade.

IAS/IFRS	INFORMAÇÃO A DIVULGAR
IAS 20: Contabilização dos subsídios governamentais e divulgação de apoios governamentais	Política contabilística adotada para os subsídios governamentais, incluindo os métodos de apresentação nas demonstrações financeiras. Natureza e extensão dos subsídios governamentais reconhecidos nas demonstrações financeiras e indicação de outras formas de apoio governamental de que a entidade tenha diretamente beneficiado. Condições não satisfeitas e outras contingências ligadas ao apoio governamental que tenham sido reconhecidas.

IAS/IFRS	INFORMAÇÃO A DIVULGAR
IAS 21: Os efeitos de alterações nas taxas de câmbio	Valor das diferenças de câmbio reconhecidas nos lucros ou prejuízos que não resultem de instrumentos financeiros mensurados ao justo valor através de lucros ou prejuízos. Valor das diferenças de câmbio líquidas reconhecidas em outro rendimento integral e uma reconciliação do valor de tais diferenças de câmbio no início e no fim do período. ** Informação a divulgar quando a moeda de apresentação das demonstrações financeiras for diferente da moeda funcional: ** – Existência da diferença; – Moeda funcional; e – Razão para o uso de uma moeda de apresentação diferente da moeda funcional. Informação a divulgar quando houver uma alteração na moeda funcional da entidade que relata ou de uma unidade operacional estrangeira significativa: ** – Existência da alteração; e – Razão para a alteração na moeda funcional.

NOTAS

IAS/IFRS	INFORMAÇÃO A DIVULGAR
IAS 23: **Custos de** **empréstimos** **obtidos**	Custos de empréstimos obtidos capitalizados durante o período.[9] Taxa de capitalização usada para determinar o valor dos custos dos empréstimos obtidos elegíveis para capitalização.
IAS 24: **Divulgações** **de partes** **relacionadas**[10]	Nome da entidade mãe e, se diferente, da parte controladora final. Remuneração do pessoal-chave da gerência, no total e para cada uma das seguintes categorias: benefícios a curto prazo de empregados, benefícios pós-emprego, outros benefícios a longo prazo, benefícios de cessação de emprego e pagamentos com base em ações. Natureza dos relacionamentos, informação sobre as transações e saldos pendentes com partes relacionadas, incluindo no mínimo:[11] – Valor das transações; – Valor dos saldos pendentes, incluindo compromissos e: • Seus termos e condições, incluindo se estão ou não seguros, e a natureza da retribuição a ser proporcionada aquando da liquidação; * e • Pormenores de quaisquer garantias dadas ou recebidas; *

[9] O SNC exige também a divulgação da política contabilística adotada nos custos de empréstimos obtidos (capitalização ou reconhecimento como gasto dos custos de empréstimos que sejam diretamente atribuíveis à aquisição, construção ou produção de ativos qualificáveis). Esta divulgação não é aplicável ao abrigo da IAS 23 porque esta norma exige a capitalização dos custos de empréstimos diretamente atribuíveis à aquisição, construção ou produção de ativos qualificáveis.

[10] Este assunto não está contemplado no SNC (pequenas entidades).

[11] Estas divulgações devem ser feitas separadamente para cada uma das seguintes categorias: entidade mãe, entidades com controlo conjunto de ou influência significativa sobre a entidade, subsidiárias, associadas, empreendimentos conjuntos nos quais a entidade seja um empreendedor, pessoal-chave da gerência da entidade ou da respetiva entidade mãe e outras partes relacionadas.

IFRS – DEMONSTRAÇÕES FINANCEIRAS – UM GUIA PARA EXECUTIVOS

IAS/IFRS	INFORMAÇÃO A DIVULGAR
IAS 24: Divulgações de partes relacionadas	– Provisões para dívidas duvidosas relacionadas com o valor dos saldos pendentes; e – Gastos reconhecidos durante o período a respeito de dívidas incobráveis ou duvidosas devidas por partes relacionadas.

IAS/IFRS	INFORMAÇÃO A DIVULGAR
IAS 27: Demonstrações financeiras separadas[12]	Informação a divulgar quando a entidade mãe opta por não preparar demonstrações financeiras consolidadas e, em vez disso, prepara demonstrações financeiras separadas: – O fato das demonstrações financeiras serem separadas, que foi usada a dispensa de consolidação, o nome e o principal local do negócio (e país onde está sedeada, se diferente) da entidade cujas demonstrações financeiras consolidadas que estão em conformidade com as IFRS foram produzidas para uso público, e a morada onde essas demonstrações financeiras podem ser obtidas; – Uma lista dos investimentos significativos em subsidiárias, empreendimentos conjuntos e associadas, incluindo o nome, o principal local do negócio (e país onde está sedeada, se diferente) e a proporção do interesse de propriedade (e proporção dos direitos de voto, se diferente) detidos nessas participadas; e – Uma descrição dos métodos usados na contabilização dos investimentos incluídos na lista referida no ponto anterior. Informação a divulgar quando a entidade mãe, o investidor com controlo conjunto de ou influência significativa numa participada prepara demonstrações financeiras separadas: * – Identificação das demonstrações financeiras preparadas de acordo com a IFRS 10, IFRS 11 ou IAS 28 com as quais as demonstrações financeiras separadas se relacionam; – O fato das demonstrações financeiras serem separadas e as razões pelas quais essas demonstrações financeiras foram preparadas, se não exigidas por lei;

[12] Este assunto não está contemplado no SNC (pequenas entidades).

NOTAS

IAS/IFRS	INFORMAÇÃO A DIVULGAR
IAS 27: **Demonstrações** **financeiras** **separadas**	– Uma lista dos investimentos significativos em subsidiárias, empreendimentos conjuntos e associadas, incluindo o nome, o principal local do negócio (e país onde está sedeada, se diferente) e a proporção do interesse de propriedade (e proporção dos direitos de voto, se diferente) detidos nessas participadas; e – Uma descrição dos métodos usados na contabilização dos investimentos incluídos na lista referida no ponto anterior.
IAS 29: **Reporte** **financeiro em** **economias** **hiperinflaccio-** **nárias**[13]	Informação a divulgar quando a moeda funcional é a moeda de uma economia hiperinflaccionária: – Indicação de que as demonstrações financeiras e os valores correspondentes de períodos anteriores foram reexpressos devido às alterações no poder geral de compra da moeda funcional e, como resultado, são expressos em termos da unidade de mensuração corrente no fim do período de relato; – Indicação da abordagem em que se baseiam as demonstrações financeiras (custo histórico ou custo corrente); – Identificação e nível do índice de preços no fim do período de relato; e – Movimento no índice de preços durante o período corrente de relato e durante o período imediatamente precedente.
IAS 33: **Resultados por** **ação**[14]	Valores usados como numeradores no cálculo dos resultados por ação básicos e diluídos e uma reconciliação desses valores com os lucros ou prejuízos atribuíveis à entidade-mãe. * Número médio ponderado de ações ordinárias usado como denominador no cálculo dos resultados por ação básicos e no cálculo dos resultados por ação diluídos e uma reconciliação dos diferentes denominadores usados. *

[13] Este assunto não está contemplado no SNC (pequenas entidades).
[14] Este assunto não está contemplado no SNC (pequenas entidades).

IFRS – DEMONSTRAÇÕES FINANCEIRAS – UM GUIA PARA EXECUTIVOS

IAS/IFRS	INFORMAÇÃO A DIVULGAR
IAS 33: Resultados por ação	Instrumentos (incluindo ações contingentemente emissíveis) que poderiam diluir os resultados por ação básicos no futuro, mas que não foram incluídos no cálculo dos resultados por ação diluídos porque são antidiluidores para o período apresentado. * Descrição das transações de ações ordinárias ou das transações de potenciais ações ordinárias, como por exemplo, emissão de ações a dinheiro ou emissão de ações quando os proventos são usados para reembolsar dívidas ou ações preferenciais em circulação no final do período de relato que ocorram após o final do período de relato e que teriam alterado significativamente o número de ações ordinárias ou de potenciais ações ordinárias em circulação no final do período se essas transações tivessem ocorrido antes do final do período de relato. *
IAS 34: Relato financeiro intercalar[15]	Informação a divulgar nas demonstrações financeiras anuais:* – Natureza e valor da alteração da estimativa, quando a estimativa de um valor apresentado na informação financeira intercalar se alterar de forma significativa durante o último período intercalar do ano a que se referem as demonstrações financeiras e não se apresentar informação financeira intercalar relativa àquele período.
IAS 36: Imparidade de ativos[16]	Informação a divulgar para cada classe de ativos:[17] – Valor das perdas por imparidade reconhecidas nos lucros ou prejuízos durante o período e os elementos da demonstração do rendimento integral em que essas perdas por imparidade são incluídas; – Valor das reversões de perdas por imparidade reconhecidas nos lucros ou prejuízos durante o período e os elemen-

[15] Este assunto não está contemplado no SNC (pequenas entidades).

[16] Este assunto não está contemplado no SNC (pequenas entidades).

[17] Esta informação pode ser apresentada conjuntamente com outra informação divulgada para a classe de ativos como, por exemplo, na reconciliação do valor contabilístico no início e no fim de período.

IAS/IFRS	INFORMAÇÃO A DIVULGAR

IAS 36:
Imparidade de
ativos
	tos da demonstração do rendimento integral em que essas perdas por imparidade são revertidas;
	
	– Valor das perdas por imparidade em ativos revalorizados reconhecidas em outro rendimento integral durante o período; e
	
	– Valor das reversões de perdas por imparidade em ativos revalorizados reconhecidas em outro rendimento integral durante o período.
	
	Informação a divulgar para cada segmento relatável: *
	
	– Valor das perdas por imparidade reconhecidas nos lucros ou prejuízos e no outro rendimento integral durante o período; e
	
	– Valor das reversões de perdas por imparidade reconhecidas nos lucros ou prejuízos e no outro rendimento integral durante o período.
	
	Informação a divulgar para cada perda por imparidade reconhecida ou revertida durante o período, que seja material, para um ativo individual, incluindo *goodwill*, ou para uma unidade geradora de caixa:
	
	– Acontecimentos e circunstâncias que conduziram ao reconhecimento ou reversão da perda por imparidade;
	
	– Valor da perda de imparidade reconhecida ou revertida;
	
	– Informação sobre o ativo individual:
	
	  • Natureza do ativo; e
	
	  • Segmento relatável ao qual o ativo pertence, se a entidade relatar informação por segmentos de acordo com a IFRS 8; *
	
	– Informação sobre a unidade geradora de caixa:
	
	  • Descrição da unidade geradora de caixa; *
	
	  • Valor da perda por imparidade reconhecida ou revertida por classe de ativo e por segmento relatável, se a entidade relatar informação por segmentos de acordo com a IFRS 8; * e

IFRS – DEMONSTRAÇÕES FINANCEIRAS – UM GUIA PARA EXECUTIVOS

IAS/IFRS	INFORMAÇÃO A DIVULGAR

IAS 36: Imparidade de ativos	• Caso tenha havido uma alteração na composição da unidade geradora de caixa, descrição da composição actual e da composição anterior e justificação da alteração; e
	
	– Informação sobre o valor recuperável do ativo:
	
	  • Se o valor recuperável é o justo valor deduzido das despesas de venda ou o valor de uso;
	
	  • Quando o valor recuperável é o justo valor deduzido das despesas de venda: a base usada para mensurar o justo valor deduzido das despesas de venda; e
	
	  • Quando o valor recuperável é o valor de uso: as taxas de desconto usadas nas estimativas correntes e anterior do valor de uso.
	
	Informação a divulgar para as restantes perdas por imparidade agregadas e reversões agregadas de perdas por imparidade reconhecidas durante o período:
	
	– Principais classes de ativos afetadas por perdas por imparidade ou por reversões de perdas por imparidade; e
	
	– Principais acontecimentos e circunstâncias que levaram ao reconhecimento ou reversão das perdas por imparidade.
	
	Informação a divulgar sobre qualquer porção do *goodwill* adquirido numa concentração de atividades empresariais durante o período que não tenha sido imputada a uma unidade geradora de caixa à data de relato:
	
	– Valor do *goodwill* não imputado; e
	
	– Razões pelas quais o valor do *goodwill* se mantem não imputado.
	
	Informação a divulgar para cada unidade geradora de caixa contendo *goodwill* ou ativos intangíveis com vida útil indefinida com um valor que seja significativo relativamente ao valor contabilístico total do *goodwill* ou dos ativos intangíveis com vida útil indefinida:
	
	– Valor contabilístico do *goodwill* imputado à unidade geradora de caixa; *

NOTAS

IAS/IFRS	INFORMAÇÃO A DIVULGAR

IAS 36:
Imparidade de
ativos
	– Valor contabilístico dos ativos intangíveis com vida útil indefinida imputado à unidade geradora de caixa; *
	
	– Informação sobre o valor recuperável da unidade geradora de caixa:[18]
	
	• O valor recuperável da unidade geradora de caixa e se este é o justo valor deduzido das despesas de venda ou o valor de uso;
	
	• Quando o valor recuperável se baseia no justo valor deduzido das despesas de venda: as técnicas usadas para determinar o justo valor deduzido das despesas de venda;
	
	• Quando o valor recuperável se baseia no justo valor deduzido das despesas de venda e este não é mensurado usando um preço de cotação para uma unidade idêntica:
	
	  - Cada um dos pressupostos-chave no qual a gerência baseou a sua determinação do justo valor deduzido das despesas de venda;
	
	  - Uma descrição da abordagem da gerência para determinar os valores atribuídos a cada pressuposto-chave;
	
	  - O nível de hierarquia do justo valor dentro do qual a mensuração ao justo valor é categorizada na sua totalidade; e
	
	  - Se houve alterações na técnica de valorização, assim como as alterações e as razões para o fazer;
	
	• Quando o valor recuperável se baseia no justo valor deduzido das despesas de venda e este é mensurado com base nas projeções de fluxos de caixa descontados:
	
	  - O período durante o qual a gerência projetou os fluxos de caixa;
	
	  - A taxa de crescimento utilizada para extrapolar as projeções de fluxos de caixa; e

[18] O SNC (regime geral) refere apenas que a entidade deve divulgar pormenorizadamente o processo subjacente às estimativas usadas para mensurar os valores contabilísticos das unidades geradoras de caixa contendo goodwill ou ativos intangíveis com vidas úteis indefinidas.

IAS/IFRS	INFORMAÇÃO A DIVULGAR

IAS 36: **Imparidade de ativos**	- A taxa ou as taxas de desconto aplicadas às projeções de fluxos de caixa;
	• Quando o valor recuperável se baseia no valor de uso:
	
	  - Cada um dos pressupostos-chave no qual a gerência baseou as suas projeções de fluxos de caixa para o período abrangido pelos orçamentos mais recentes;
	
	  - Uma descrição da abordagem da gerência para determinar os valores atribuídos a cada pressuposto-chave;
	
	  - O período sobre o qual a gerência projetou fluxos de caixa com base em orçamentos financeiros aprovados pela gerência e, quando for usado um período superior a cinco anos, uma explicação para o uso de um período mais longo;
	
	  - A taxa de crescimento usada para extrapolar projeções de fluxos de caixa para além do período abrangido pelos orçamentos mais recentes e a justificação para usar qualquer taxa de crescimento que exceda a taxa média de crescimento a longo prazo para os produtos, indústrias ou país ou países nos quais a entidade opera, ou para o mercado ao qual a unidade se dedicou; e
	
	  - A taxa ou as taxas de desconto aplicadas às projeções dos fluxos de caixa; e
	
	— Informação sobre uma alteração razoavelmente possível num pressuposto-chave em que a gerência tenha baseado a sua determinação do valor recuperável que fizesse com que o valor contabilístico da unidade excedesse o valor recuperável: *
	
	• Valor pelo qual o valor recuperável da unidade excede o valor contabilístico;
	
	• Valor atribuído ao pressuposto-chave; e
	
	• Valor pelo qual o valor atribuído ao pressuposto-chave deverá ser alterado de modo a que o valor recuperável da unidade seja igual ao seu valor contabilístico.
	
	Informação a divulgar para as unidades geradoras de caixa contendo *goodwill* ou ativos intangíveis com vida útil indefinida com um valor agregado que seja significativo relativa-

IAS/IFRS	INFORMAÇÃO A DIVULGAR
IAS 36: **Imparidade de** **ativos**	mente ao valor contabilístico total do *goodwill* ou dos ativos intangíveis com vida útil indefinida: – Valor contabilístico agregado do *goodwill* imputado às unidades geradoras de caixa; * – Valor contabilístico agregado dos ativos intangíveis com vida útil indefinida imputado às unidades geradoras de caixa; * – Descrição dos pressupostos-chave e descrição da abordagem da gerência para determinar os valores atribuídos a cada pressuposto-chave; e – Informação sobre uma alteração razoavelmente possível num pressuposto-chave que fizesse com que o agregado do valor contabilístico das unidades excedesse o agregado dos seus valores recuperáveis: * • Valor pelo qual o agregado dos valores recuperáveis das unidades excede o agregado dos seus valores contabilísticos; • Valores atribuídos ao pressupostos-chave; e • Valor pelo qual os valores atribuídos aos pressupostos-chave deverão ser alterados de modo a que o agregado dos valores recuperáveis das unidades seja igual ao agregado dos seus valores contabilísticos.

IAS/IFRS	INFORMAÇÃO A DIVULGAR
IAS 37: **Provisões,** **passivos** **contingentes** **e ativos** **contingentes**	Informação a divulgar para cada classe de provisões: – Valor contabilístico no início e no fim do período; – Provisões adicionais reconhecidas no período, incluindo aumentos das provisões já existentes; – Valor de provisões usadas durante o período; – Valor de provisões não usadas e revertidas durante o período; – Aumento durante o período no valor descontado da provisão proveniente da passagem do tempo e efeito de qualquer alteração na taxa de desconto;

IAS/IFRS	INFORMAÇÃO A DIVULGAR
IAS 37: Provisões, passivos contingentes e ativos contingentes	– Breve descrição da natureza da obrigação e do momento de ocorrência esperado de qualquer saída de benefícios económicos; * – Indicação das incertezas sobre o valor ou momento de ocorrência das saídas de benefícios económicos; * e – Valor de qualquer reembolso esperado, especificando o valor de qualquer ativo que tenha sido reconhecido para esse reembolso esperado.*[19] Informação a divulgar para cada classe de passivos contingentes no fim do período de relato cuja saída de benefícios económico não seja remota: – Breve descrição da sua natureza; e – Quando praticável, estimativa do seu efeito financeiro, indicação das incertezas que se relacionam com valor ou momento de ocorrência de qualquer saída de benefícios económicos e a possibilidade de qualquer reembolso. ** Informação a divulgar para cada classe de ativos contingentes no fim do período de relato cuja entrada de benefícios económico seja provável: – Breve descrição da sua natureza; e – Quando praticável, estimativa do seu efeito financeiro. ** Informação a divulgar nas situações muito excecionais em que a divulgação de informações poderá prejudicar seriamente a posição da entidade na disputa com terceiros de questões relacionadas com um passivo contingente ou um ativo contingente: * – Natureza geral da disputa; e – Razões pelas quais a respetiva informação não é apresentada.

[19] Esta informação também é exigida pelo SNC (PE).

NOTAS

IAS/IFRS	INFORMAÇÃO A DIVULGAR

IAS 38:
Ativos intangíveis
	Informação a divulgar para cada classe de ativos intangíveis, distinguindo entre os ativos intangíveis desenvolvidos internamente e os restantes ativos intangíveis:
	
	– Se as vidas úteis são indefinidas ou finitas e, se forem finitas, as vidas úteis ou as taxas de amortização usadas;
	
	– Métodos de amortização usados para os ativos intangíveis com vidas úteis finitas;
	
	– Valor bruto e amortização acumulada (incluindo perdas por imparidade acumuladas) no início e no fim do período;
	
	– Elementos de cada linha da demonstração do rendimento integral em que qualquer amortização de ativos intangíveis esteja incluída; ** e
	
	– Reconciliação do valor contabilístico no início e no fim do período que mostre:
	
	  • Adições, indicando separadamente as adições provenientes de desenvolvimento interno, as adquiridas separadamente e as adquiridas através de concentrações de atividades empresariais[20];
	
	  • Ativos classificados como detidos para venda ou incluídos num grupo para alienação classificado como detido para venda; **
	
	  • Alienações;
	
	  • Aumentos ou reduções resultantes de revalorizações e de perdas por imparidade reconhecidas ou revertidas em outro rendimento integral; **
	
	  • Perdas por imparidade reconhecidas nos lucros ou prejuízos;
	
	  • Perdas por imparidade revertidas nos lucros ou prejuízos;
	
	  • Amortizações;
	
	  • Diferenças cambiais líquidas resultantes da transposição das demonstrações financeiras da moeda funcional para uma moeda de apresentação diferente; * e

[20] O SNC não refere a necessidade de efetuar esta separação.

IFRS – DEMONSTRAÇÕES FINANCEIRAS – UM GUIA PARA EXECUTIVOS

IAS/IFRS	INFORMAÇÃO A DIVULGAR
IAS 38: **Ativos intangíveis**	• Outras alterações. Informação a divulgar para os ativos intangíveis adquiridos através de um subsídio governamental e inicialmente reconhecidos pelo justo valor: – Justo valor inicialmente reconhecido para estes ativos; – Valor contabilístico destes ativos; e – Critério utilizado na mensuração destes ativos após o reconhecimento. ** Informação a divulgar para os ativos intangíveis avaliados como tendo vida útil indefinida: – Valor contabilístico destes ativos; e – Razões que apoiam a avaliação de uma vida útil indefinida. Informação a divulgar para os ativos intangíveis sujeitos à aplicação do modelo de revalorização: ** – Data de eficácia da revalorização, separadamente para cada classe de ativos intangíveis; – Valor contabilístico dos ativos intangíveis revalorizados, separadamente para cada classe de ativos intangíveis; – Valor contabilístico que teria sido reconhecido se os ativos intangíveis estivessem sujeitos à aplicação do modelo do custo, separadamente para cada classe de ativos intangíveis; e – Excedente de revalorização relacionado com ativo intangíveis no início e no final do período, indicando a alteração do período e quaisquer restrições na distribuição do saldo aos acionistas. Outra informação exigida: – Descrição, valor contabilístico e período de amortização remanescente de qualquer ativo intangível individual que seja material para as demonstrações financeiras da entidade;

NOTAS

IAS/IFRS	INFORMAÇÃO A DIVULGAR
IAS 38: **Ativos intangíveis**	– Valor das despesas de pesquisa e desenvolvimento reconhecido como gasto do período; – Existência e valor contabilístico de ativos intangíveis cuja titularidade esteja restringida e valor contabilístico de ativos intangíveis dados como garantia de passivos; e – Valor de compromissos contratuais para aquisição de ativos intangíveis. Informação recomendada: * – Descrição de qualquer ativo intangível totalmente amortizado que ainda esteja em uso; e – Breve descrição de ativos intangíveis significativos controlados pela entidade mas não reconhecidos como ativos porque não satisfazem os critérios de reconhecimento da IAS 38.

IAS/IFRS	INFORMAÇÃO A DIVULGAR
IAS 40: **Propriedades de** **investimento**[21]	Critérios usados para distinguir propriedades de investimento de propriedades ocupadas pelo proprietário e de propriedades detidas para venda no curso ordinário dos negócios, sempre que esta classificação seja difícil de efetuar. Modelo aplicado na mensuração das propriedades de investimento após o reconhecimento. Métodos e pressupostos significativos aplicados na determinação do justo valor de propriedades de investimento (mensurado ou divulgado nas demonstrações financeiras), incluindo uma declaração a afirmar se a determinação do justo valor foi ou não suportada por evidências do mercado ou foi mais ponderada por outros fatores (que a entidade deve divulgar) por força da natureza da propriedade e da falta de dados de mercado comparáveis. Até que ponto o justo valor das propriedades de investimentos (tal como mensurado ou divulgado nas demonstrações financeiras) se baseia numa valorização de um avalia-

[21] Este assunto não está contemplado no SNC (pequenas entidades).

IAS/IFRS	INFORMAÇÃO A DIVULGAR

IAS 40: Propriedades de investimento	dor independente que possua uma qualificação profissional reconhecida e relevante e que tenha experiência recente na localização e na categoria da propriedade de investimento que está a ser valorizada. Se não tiver havido tal valorização, esse facto deve ser divulgado.
	
	Informação a divulgar quando a entidade aplica o modelo do justo valor na mensuração das propriedades de investimento após o reconhecimento:
	– Se, e em que circunstâncias, os interesses de propriedade detidos em locações operacionais são classificados e contabilizados como propriedades de investimento;
	– Reconciliação do valor contabilístico no início e no fim do período, que mostre:[22]
	  • Adições, divulgando separadamente as adições resultantes de aquisições e as resultantes de despesas subsequentes reconhecidas no valor contabilístico de um ativo;
	  • Ativos classificados como detidos para venda ou incluídos num grupo para alienação classificado como detido para venda e outras alienações;
	  • Aquisições por intermédio de concentrações de atividades empresariais;
	  • Ganhos ou perdas líquidos provenientes de ajustamentos de justo valor;
	  • Diferenças cambiais líquidas resultantes da transposição das demonstrações financeiras da moeda funcional para uma moeda de apresentação diferente;

[22] Nos casos excecionais em que haja alguma propriedade mensurada através do modelo do custo, apresentar a reconciliação do seu valor contabilístico no início e no fim do período em separado. Além disso, a entidade deve divulgar uma descrição da propriedade de investimento, uma explicação da razão pela qual o justo valor não pode ser mensurado com fiabilidade e se possível, o intervalo de estimativas dentro das quais seja provável que o justo valor se venha a situar. No momento da alienação desta propriedade, a entidade deve divulgar ainda o facto de a propriedade estar mensurada ao custo, o ser valor contabilístico na data da venda e o valor do ganho ou perda reconhecido.

NOTAS

IAS/IFRS	INFORMAÇÃO A DIVULGAR

IAS 40:
Propriedades de
investimento
	• Transferências para e de inventários e propriedade ocupada pelo proprietário; e
	
	• Outras alterações; e
	
	– Quando o valor obtido para a propriedade de investimento é ajustado significativamente para a finalidade das demonstrações financeiras, por exemplo para evitar contagem dupla de ativos ou passivos, a entidade deve divulgar uma reconciliação entre o valor inicialmente obtido e o valor ajustado e incluído nas demonstrações financeiras. *
	
	Informação a divulgar quando a entidade aplica o modelo do custo na mensuração das propriedades de investimento após o reconhecimento:
	
	– Métodos de depreciação usados;
	
	– Vidas úteis ou taxas de depreciação usadas;
	
	– Valor contabilístico bruto e depreciação acumulada (incluindo perdas de imparidade acumuladas), no início e no fim do período;
	
	– Reconciliação do valor contabilístico no início e no fim do período, que mostre:
	
	  • Adições, divulgando separadamente as adições resultantes de aquisições e as resultantes de despesas subsequentes reconhecidas no valor contabilístico de um ativo;
	
	  • Ativos classificados como detidos para venda ou incluídos num grupo para alienação classificado como detido para venda e outras alienações;
	
	  • Aquisições por intermédio de concentrações de atividades empresariais;
	
	  • Perdas por imparidade reconhecidas nos lucros ou prejuízos;
	
	  • Perdas por imparidade revertidas nos lucros ou prejuízos;
	
	  • Depreciações;
	
	  • Diferenças cambiais líquidas resultantes da transposição das demonstrações financeiras da moeda funcional para uma moeda de apresentação diferente;

IFRS – DEMONSTRAÇÕES FINANCEIRAS – UM GUIA PARA EXECUTIVOS

IAS/IFRS	INFORMAÇÃO A DIVULGAR
IAS 40: **Propriedades de** **investimento**	• Transferências para e de inventários e propriedades ocupadas pelo proprietário; e • Outras alterações; e – Justo valor das propriedades de investimento.[23] Outra informação a divulgar: – Valores reconhecidos nos lucros ou prejuízos para rendimentos de rendas de propriedades de investimento e para gastos operacionais directos provenientes de propriedades de investimento, separadamente para as propriedades que geraram e para as propriedades que não geraram rendimentos de rendas durante o período; – Efeito acumulado da alteração no justo valor reconhecido nos lucros ou prejuízos com a transferência de uma propriedade de investimento de um conjunto de ativos em que se usa o modelo do custo para um conjunto de ativos em que se usa o modelo do justo valor; – Existência e valor de restrições sobre a capacidade de realização de propriedades de investimento ou a remessa de rendimentos e proventos de alienação; e – Obrigações contratuais para comprar, construir ou desenvolver propriedades de investimento ou para reparações, manutenção ou aumentos.
IAS 41: **Agricultura**[24]	Descrição de cada grupo de ativos biológicos. Natureza das atividades da entidade que envolvam cada grupo de ativos biológicos. * Medidas ou estimativas não financeiras das quantidades físicas:

[23] Nos casos excecionais em que a entidade não possa medir o justo valor da propriedade de investimento com fiabilidade, ela deve divulgar: uma descrição da propriedade de investimento, uma explicação da razão pela qual o justo valor não pode ser medido com fiabilidade e, se possível, o intervalo de estimativas dentro do qual seja altamente provável que o justo valor se venha a situar.

[24] Este assunto não está contemplado no SNC (pequenas entidades).

NOTAS

IAS/IFRS	INFORMAÇÃO A DIVULGAR
IAS 41: Agricultura	– De cada um dos grupos de ativos biológicos da entidade no fim do período; e – Do *output* de produtos agrícolas durante o período. * Métodos e pressupostos significativos aplicados na determinação do justo valor de cada um dos grupos do produto agrícola no ponto de colheita e de cada um dos grupos de ativos biológicos. Justo valor deduzido dos custos estimados no ponto de venda do produto agrícola colhido durante o período, determinado no momento da colheita. Ganhos ou perdas agregadas que surjam durante o período corrente aquando do reconhecimento inicial dos ativos biológicos e do produto agrícola e surjam da alteração de justo valor menos os custos estimados no ponto de venda de ativos biológicos. * Reconciliação do valor contabilístico dos ativos biológicos no início e no fim do período, que mostre:[25] * – Ganho ou perda provenientes de alterações no justo valor deduzido dos custos estimados no ponto de venda;

[25] Nos casos excecionais em que haja ativos biológicos mensurados através do modelo do custo, ie, ao custo deduzido de qualquer depreciação acumulada e quaisquer perdas por imparidade acumuladas, apresentar a reconciliação do seu valor contabilístico no início e no final do período em separado, assim como o valor contabilístico bruto e depreciação acumulada (incluindo perdas por imparidade acumuladas) no início e no fim do período. Além disso, a entidade deve divulgar uma descrição dos ativos biológicos, uma explicação da razão pela qual o justo valor não pode ser determinado com fiabilidade, o método de depreciação usado, as vidas úteis ou taxas de depreciação usadas e se possível, o intervalo de estimativas dentro das quais seja provável que o justo valor se venha a situar. No momento da alienação destes ativos biológicos, a entidade deve divulgar qualquer ganho ou perda reconhecido com a alienação. Se o justo valor de ativos biológicos previamente mensurados pelo modelo do custo se tornar mensurável com fiabilidade, a entidade deve divulgar uma descrição desses ativos biológicos, uma explicação da razão pela qual o justo valor se tornou mensurável com fiabilidade e o efeito da alteração.

IFRS – DEMONSTRAÇÕES FINANCEIRAS – UM GUIA PARA EXECUTIVOS

IAS/IFRS	INFORMAÇÃO A DIVULGAR
IAS 41: **Agricultura**	– Aumentos devidos a compras; – Aumentos devidos a concentrações de atividades empresariais; – Diminuições atribuíveis a vendas e a ativos biológicos classificados como detidos para venda; – Diminuições devidas a colheitas; – Diferenças cambiais líquidas resultantes da transposição das demonstrações financeiras da moeda funcional para uma moeda de apresentação diferente; e – Outras alterações. Existência e valor contabilístico de ativos biológicos cuja posse seja restrita e valor contabilístico de ativos biológicos penhorados como garantia de passivos. Valor de compromissos relativos ao desenvolvimento ou à aquisição de ativos biológicos. Estratégias de gestão de riscos financeiros relacionados com a atividade agrícola. Informação a divulgar sobre subsídios relacionados com a atividade agrícola abrangida por esta norma: – Natureza e extensão dos subsídios governamentais reconhecidos nas demonstrações financeiras; – Condições não cumpridas e outras contingências ligadas aos subsídios governamentais; e – Diminuições significativas que se esperam no nível de subsídios governamentais.

IFRS 2: **Pagamento com** **base em ações**[26]	Descrição de cada tipo de acordo de pagamento com base em ações que tenha existido em qualquer momento durante o período, incluindo os termos e condições gerais de cada acordo, tal como os requisitos de aquisição, o termo máximo de opções concedidas, e o método de liquidação. *

[26] Este assunto não está contemplado no SNC (regime geral e pequenas entidades).

IAS/IFRS	INFORMAÇÃO A DIVULGAR
IFRS 2: **Pagamento com** **base em ações**	Informação a divulgar sobre o número e a média ponderada dos preços de exercício das opções sobre ações para cada um dos seguintes grupos de opções: * – Em circulação no início do período; – Concedidas durante o período; – Recusadas durante o período; – Exercidas durante o período; – Expiradas durante o período; – Em circulação no final do período, e – Exercitáveis no final do período. Média ponderada do preço das ações à data do exercício, para as opções sobre ações exercidas durante o período. * Intervalo dos preços de exercício e da média ponderada da vida contratual remanescente, para opções sobre ações em circulação no final do período. * Informação a divulgar quando a entidade tiver mensurado indiretamente o justo valor dos bens ou serviços recebidos como retribuição por instrumentos de capital próprio da entidade, por referência ao justo valor dos instrumentos de capital próprio concedidos da entidade: * – Para as opções sobre ações concedidas durante o período: média ponderada do justo valor dessas opções à data de mensuração e informação sobre como o justo valor foi mensurado, incluindo o modelo de valorização de opções usado e os *inputs* desse modelo, a forma como a volatilidade esperada foi determinada, incluindo uma explicação de até que ponto a volatilidade esperada se baseou na volatilidade histórica, e se e de que forma qualquer outra característica da opção concedida foi incorporada na mensuração do justo valor, como por exemplo uma condição de mercado; – Para outros instrumentos de capital próprio concedidos durante o período: número e média ponderada do justo

IAS/IFRS	INFORMAÇÃO A DIVULGAR
IFRS 2: Pagamento com base em ações	valor desses instrumentos de capital próprio à data de mensuração e informação sobre a forma como o justo valor foi mensurado, incluindo se o justo valor não foi mensurado na base de um preço de mercado observável, como foi determinado, se e a forma como os dividendos esperados foram incorporados na mensuração do justo valor, e se e a forma como qualquer outra característica dos instrumentos de capital próprio concedidos foi incorporada na mensuração do justo valor; e
	– Para acordos de pagamento com base em ações que tenham sido modificados durante o período: uma explicação dessas modificações, o justo valor incremental concedido e a informação sobre a forma como o justo valor incremental concedido foi mensurado.
	Informação a divulgar quando a entidade tiver mensurado diretamente o justo valor dos bens ou serviços recebidos: *
	– Forma como o justo valor foi determinado.
	Gasto total reconhecido para o período resultante de transações de pagamento com base em ações em que os bens ou serviços recebidos não se qualificaram para reconhecimento como ativos e portanto foram reconhecidos imediatamente como um gasto, incluindo a divulgação separada da porção do gasto total que resulta de transações contabilizadas como transações de pagamento com base em ações e liquidadas com capital próprio. *
	Valor contabilístico total no final do período e valor intrínseco total no final do período dos passivos resultantes de transações de pagamento com base em ações para os quais o direito da contraparte a receber dinheiro ou outros ativos foi adquirido até ao final do período. *

IFRS 3: Concentrações de atividades empresariais[27]	Informação a divulgar:
	(i) para cada concentração de atividades empresariais material que ocorra durante o período de relato;

[27] Este assunto não está contemplado no SNC (pequenas entidades).

NOTAS

IAS/IFRS	INFORMAÇÃO A DIVULGAR

IFRS 3: Concentrações de atividades empresariais	(ii) para o conjunto das concentrações de atividades empresariais individualmente imateriais que ocorram durante o período de relato e que sejam materiais coletivamente[28]; e
	
	(iii) para cada concentração de atividades empresariais material que ocorra após o fim do período de relato mas antes da data de autorização para a emissão das demonstrações financeiras, desde que a contabilização inicial da concentração de atividades empresariais esteja concluída nesta data*:
	
	– Nome e descrição da adquirida;
	
	– Data de aquisição;
	
	– Percentagem de interesses de capital próprio com direito de voto adquiridos;
	
	– Principais razões para a concentração de atividades empresariais e uma descrição da forma como a adquirente obteve o controlo da adquirida; *
	
	– Descrição qualitativa dos fatores que compõem o *goodwill* reconhecido;
	
	– Justo valor à data de aquisição da retribuição total transferida e o justo valor à data de aquisição de cada principal classe de retribuição como, por exemplo:
	
	  • Dinheiro;
	
	  • Outros ativos tangíveis ou intangíveis cedidos;
	
	  • Passivos incorridos, incluindo passivos por retribuição contingente; e
	
	  • Instrumentos de capital próprio da adquirente, incluindo o número de instrumentos emitidos ou passíveis de emissão e o método usado na determinação do justo valor desses instrumentos;
	
	– Informação sobre os acordos de retribuição contingente e ativos de indemnização: *

[28] A IFRS 3 não exige a divulgação das quatro primeiras informações quando se apresenta o conjunto das concentrações de atividades empresariais individualmente imateriais que ocorram durante o período de relato e que sejam materiais coletivamente.

IFRS – DEMONSTRAÇÕES FINANCEIRAS – UM GUIA PARA EXECUTIVOS

IAS/IFRS	INFORMAÇÃO A DIVULGAR
IFRS 3: Concentrações de atividades empresariais	• Valor reconhecido à data de aquisição; • Descrição do acordo e a base de determinação do valor a pagar; • Estimativa do intervalo de desfechos (não descontado) ou, se não for possível estimar um intervalo, indicar esse facto e as razões pelas quais não é possível estimar um intervalo; e • Indicação de que a quantia máxima do pagamento é ilimitada, quando aplicável; – Informação sobre cada principal classe de contas a receber adquiridas: * • Justo valor das contas a receber; • Valores contratuais brutos a receber; e • Melhor estimativa à data de aquisição dos fluxos de caixa contratuais que não se espera que sejam cobrados; – Valores reconhecidos à data de aquisição para cada principal classe de ativos adquiridos e passivos assumidos;[29] – Valor total do *goodwill* que se espera que seja dedutível para finalidades fiscais; * – Informação sobre transações que sejam reconhecidas separadamente da aquisição de ativos e da assunção de passivos: * • Descrição de cada transação; • Forma como a adquirente contabilizou cada transação; • Valores reconhecidos para cada transação e a linha nas demonstrações financeiras em que o valor é reconhecido; e

[29] O SNC (regime geral) exige também a divulgação do valor contabilístico de cada uma das classes de ativos, passivos e passivos contingentes da adquirida, determinado de acordo com as NCRF, imediatamente antes da concentração. Se essa divulgação for impraticável, esse fato deve ser divulgado, conjuntamente com uma explicação. É também exigida a divulgação dos detalhes de quaisquer unidades operacionais que a entidade tenha decidido alienar como resultado da concentração.

IAS/IFRS	INFORMAÇÃO A DIVULGAR
IFRS 3: **Concentrações** **de atividades** **empresariais**	• Se a transação for a liquidação efetiva de uma relação pré-existente, o método usado para determinar o valor de liquidação; – Informação sobre compras a preço baixo: • Valor do ganho reconhecido e a linha na demonstração do rendimento integral na qual o ganho é reconhecido; e • Descrição das razões pelas quais a transação resultou num ganho; – Informação sobre interesses que não controlam: * • Valor do interesse que não controla na adquirida reconhecido à data de aquisição e a base de mensuração utilizada; e • Técnicas de mensuração e os principais *inputs* do modelo usados para determinar o justo valor do interesse que não controla, quando aplicável; – Informação sobre concentrações de atividades empresariais alcançadas por fases: * • Justo valor à data de aquisição do interesse de capital próprio na adquirida detido pelo adquirente imediatamente antes da data de aquisição; e • Valor do ganho ou perda reconhecido como resultado da remensuração do justo valor do interesse de capital próprio na adquirida detido pelo adquirente antes da concentração de atividades empresariais e a linha na demonstração do rendimento integral na qual esse ganho ou perda é reconhecido; e – Informação sobre o impacto das concentrações de atividades empresariais na demonstração do rendimento integral: • Réditos da adquirida desde a data de aquisição incluídos na demonstração consolidada do rendimento integral do período de relato, se praticável, ou explicação da razão pela qual a divulgação é impraticável; * • Lucros ou prejuízos da adquirida desde a data de aquisição incluídos na demonstração consolidada do rendimento integral do período de relato, se praticável, ou

IFRS – DEMONSTRAÇÕES FINANCEIRAS – UM GUIA PARA EXECUTIVOS

IAS/IFRS	INFORMAÇÃO A DIVULGAR

IFRS 3: Concentrações de atividades empresariais	explicação da razão pela qual a divulgação é impraticável; e
	
	• Rédito e lucros ou prejuízos da entidade concentrada do período de relato corrente como se a data de aquisição das concentrações de atividades empresariais ocorridas durante o ano tivesse sido o início do período de relato anual, se praticável, ou explicação da razão pela qual a divulgação é impraticável.
	
	Informação a divulgar para cada concentração de atividades empresariais material ou para o conjunto das concentrações de atividades empresariais individualmente imateriais mas que sejam materiais no seu conjunto:
	
	– Se a contabilização inicial de uma concentração de atividades empresariais não estiver concluída para alguns ativos, passivos, interesses que não controlam ou elementos de retribuição, estando os valores reconhecidos nas demonstrações financeiras determinados apenas provisoriamente:
	
	  • Razões pelas quais a contabilização inicial não está concluída;
	
	  • Ativos, passivos, interesses de capital próprio ou elementos de retribuição relativamente aos quais a contabilização inicial não está concluída; * e
	
	  • Natureza e valor de quaisquer ajustamentos de mensuração reconhecidos durante o período de relato;
	
	– Para cada período de relato após a data de aquisição e até a entidade cobrar, vender ou de outro modo perder o direito a um ativo de retribuição contingente, ou até a entidade liquidar um passivo de retribuição contingente ou o passivo for cancelado ou expirar: *
	
	  • Quaisquer alterações nos valores reconhecidos;
	
	  • Quaisquer alterações no intervalo de desfechos e as razões para essas alterações; e
	
	  • As técnicas de mensuração e principais *inputs* de modelo usados para mensurar a retribuição contingente;
	
	– Reconciliação do valor contabilístico do *goodwill* no início e no fim do período de relato, mostrando separadamente:

IAS/IFRS	INFORMAÇÃO A DIVULGAR
IFRS 3: **Concentrações** **de atividades** **empresariais**	• Valor bruto e perdas por imparidade acumuladas no início do período de relato; • *Goodwill* adicional reconhecido durante o período de relato, com exceção do *goodwill* incluído num grupo para alienação que, no momento da aquisição, satisfaz os critérios para ser classificado como detido para venda; • Ajustamentos resultantes do reconhecimento posterior de ativos por impostos diferidos durante o período de relato; • *Goodwill* incluído num grupo para alienação classificado como detido para venda de acordo com a IFRS 5 e *goodwill* desreconhecido durante o período de relato sem ter sido anteriormente incluído num grupo para alienação classificado como detido para venda; • Perdas por imparidade reconhecidas durante o período de relato; • Diferenças cambiais líquidas que surjam durante o período de relato; • Quaisquer outras alterações no valor contabilístico durante o período de relato; e • Valor bruto e perdas por imparidade acumuladas no final do período de relato; e • Valor e uma explicação sobre qualquer ganho ou perda reconhecido no período de relato corrente que se relacione com os ativos identificáveis adquiridos ou os passivos assumidos numa concentração de atividades empresariais que tenha sido efetuada no período corrente ou num período de relato anterior e que seja de tal dimensão, natureza ou incidência que a divulgação se torne relevante para uma compreensão das demonstrações financeiras da entidade concentrada.

IFRS – DEMONSTRAÇÕES FINANCEIRAS – UM GUIA PARA EXECUTIVOS

IAS/IFRS	INFORMAÇÃO A DIVULGAR
IFRS 5: **Ativos não correntes detidos para venda e unidades operacionais descontinuadas**[30]	Informação a divulgar sobre os ativos não correntes (ou grupos para alienação) classificados como detidos para venda ou vendidos durante o período: – Descrição do ativo não corrente (ou grupo para alienação); – Descrição dos factos e circunstâncias da venda, ou que conduziram à alienação esperada, e a forma e tempestividade esperadas para essa alienação; – Ganho ou perda reconhecidos e, se não for apresentado separadamente na demonstração dos resultados, a linha na demonstração dos resultados que inclui esse ganho ou perda; * e – Segmento relatável em que o ativo não corrente (ou grupo para alienação) está apresentado, se aplicável. Informação a divulgar sobre as unidades operacionais descontinuadas: – Réditos, gastos e lucros ou prejuízos antes de impostos e o respetivo gasto de imposto; * – Ganhos ou perdas reconhecidos na mensuração pelo justo valor deduzido das despesas de venda, ou na alienação, dos ativos ou grupo para alienação, assim como o respetivo gasto de imposto; * – Rendimento de unidades operacionais descontinuadas atribuível aos proprietários da entidade-mãe; * e – Fluxos de caixa líquidos atribuíveis às atividades operacionais, de investimento e de financiamento. Rendimento de unidades operacionais em continuação atribuível aos proprietários da entidade-mãe. * Informação a divulgar sobre a alteração no plano de vender ativos não correntes (ou grupos para alienação): – Indicação da alteração; e – Fatos e circunstâncias que conduziram à alteração.

[30] Este assunto não está contemplado no SNC (pequenas entidades).

NOTAS

IAS/IFRS	INFORMAÇÃO A DIVULGAR
IFRS 6: **Exploração** **e avaliação** **de recursos** **minerais**[31]	Políticas contabilísticas relativas a dispêndios de exploração e avaliação incluindo o reconhecimento de ativos de exploração e avaliação. Valor dos ativos, passivos, rendimentos e gastos e dos fluxos de caixa operacionais e de investimento resultantes da exploração e avaliação de recursos minerais.

IAS/IFRS	INFORMAÇÃO A DIVULGAR

IFRS 7: **Instrumentos** **financeiros** **– divulgações**	Informação a divulgar sobre a contribuição dos instrumentos financeiros para a posição financeira e para o desempenho financeiro da entidade:
	
	– Informação sobre empréstimos concedidos ou contas a receber que a entidade designou como ativos financeiros pelo justo valor através dos lucros ou prejuízos: *
	
	  • Exposição máxima ao risco de crédito do empréstimo concedido ou conta a receber à data de relato;
	
	  • Valor pela qual os derivados de crédito relacionados ou instrumentos similares permitem mitigar essa exposição máxima ao risco de crédito;
	
	  • Alteração, durante o período e de forma cumulativa, no justo valor do empréstimo concedido ou conta a receber atribuível a alterações no risco de crédito do ativo financeiro, determinado como o valor da alteração no justo valor que não é atribuível a alterações nas condições do mercado que possam dar origem a risco de mercado, ou usando um método alternativo que a entidade considera representar de forma mais fidedigna a quantia da alteração no justo valor que seja atribuível a alterações no risco de crédito do ativo. e
	
	  • Valor da alteração no justo valor de quaisquer derivados de crédito relacionados ou instrumentos similares ocorrida durante o período e de forma cumulativa desde a designação do empréstimo concedido ou da conta a receber;

---

[31] Este assunto não está contemplado no SNC (pequenas entidades).

IFRS – DEMONSTRAÇÕES FINANCEIRAS – UM GUIA PARA EXECUTIVOS

IAS/IFRS	INFORMAÇÃO A DIVULGAR
IFRS 7: **Instrumentos** **financeiros** **– divulgações**	– Informação sobre passivos financeiros que a entidade designou como passivo financeiro pelo justo valor através dos lucros ou prejuízos: * • Alteração, durante o período e de forma cumulativa, no justo valor do passivo financeiro atribuível a alterações no risco de crédito do passivo financeiro, determinada como o valor da alteração no justo valor que não é atribuível a alterações nas condições do mercado que possam dar origem a risco de mercado ou usando um método alternativo que a entidade considera representar de forma mais fidedigna a quantia de alteração no justo valor atribuível a alterações no risco de crédito do passivo; e • Diferença entre o valor contabilístico do passivo financeiro e o valor que a entidade teria contratualmente de pagar no vencimento ao detentor da obrigação; – Informação sobre empréstimos concedidos ou contas a receber e passivos financeiros que a entidade designou como ativos ou passivos financeiros pelo justo valor através dos lucros ou prejuízos: • Métodos utilizados para determinar o justo valor atribuível a alterações no risco de crédito; ** e • Razões que levaram a entidade a considerar que o justo valor não representa de forma fidedigna a alteração no justo valor do ativo financeiro ou do passivo financeiro atribuível a alterações no seu risco de crédito, se aplicável; * – Informação sobre reclassificação de ativos financeiros: * • Valor que, por via da reclassificação, entrou e saiu de cada categoria, bem como a razão da reclassificação, se a entidade tiver reclassificado um ativo financeiro como um ativo mensurado pelo custo ou pelo custo amortizado (e não pelo justo valor) ou como ativo mensurado pelo justo valor (e não pelo custo ou custo amortizado); • Informação sobre a reclassificação de ativos financeiros que são retirados da categoria de justo valor através dos

IAS/IFRS	INFORMAÇÃO A DIVULGAR
IFRS 7: **Instrumentos** **financeiros** **– divulgações**	lucros ou prejuízos ou da categoria de ativos disponíveis para venda: - Valor que, por via da reclassificação, entrou e saiu de cada categoria de ativos financeiros; - Valores contabilísticos e os justos valores de todos os ativos financeiros que foram reclassificados no período de relato em curso e nos períodos de relato anteriores (para cada período de relato até ao desreconhecimento); - Caracterização das situações em que um ativo financeiro tenha sido excecionalmente reclassificado; - Ganho ou perda no justo valor do ativo financeiro reconhecido nos lucros ou prejuízos ou outro rendimento integral nesse período de relato e no período de relato anterior (para o período de relato no qual o ativo financeiro foi reclassificado); - Ganho ou perda no justo valor que teria sido reconhecido nos lucros ou prejuízos ou outro rendimento integral se o ativo financeiro não tivesse sido reclassificado, e os ganhos, perdas, rendimentos e gastos reconhecidos nos lucros ou prejuízos (para cada período de relato que se segue à reclassificação, incluindo o período de relato no qual o ativo financeiro foi reclassificado, até ao seu desreconhecimento); e - Taxa de juro efetiva e valor estimado dos fluxos de caixa que a entidade espera recuperar à data da reclassificação do ativo financeiro; — Informação sobre transferências de ativos financeiros de tal forma que parte ou a totalidade dos ativos financeiros não se qualifique para desreconhecimento: • Natureza dos ativos; • Natureza dos riscos e vantagens de propriedade a que a entidade fica exposta; • Valores contabilísticos dos ativos, e dos passivos associados, quando a entidade continua a reconhecer todos os ativos; e

IAS/IFRS	INFORMAÇÃO A DIVULGAR

IFRS 7:
Instrumentos
financeiros
– divulgações
	• Valor contabilístico total dos ativos originais, valor dos ativos que a entidade continua a reconhecer e valor contabilístico dos passivos associados, quando a entidade continua a reconhecer os ativos na medida do seu envolvimento continuado;
	
	– Informação sobre garantias colaterais e penhoras:
	
	• Valor contabilístico dos ativos financeiros penhorados como garantia colateral de passivos ou passivos contingentes, incluindo os valores reclassificados e os termos e condições relacionados com a penhora;
	
	• Informação sobre garantias colaterais que a entidade detém e pode vender ou voltar a penhorar, em caso de não incumprimento pelo proprietário da garantia colateral: *
	
	  - Justo valor da garantia colateral detida;
	
	  - Justo valor de qualquer garantia colateral, vendida ou repenhorada, indicando se a entidade tem uma obrigação de a devolver; e
	
	  - Termos e condições associados ao uso da garantia colateral;
	
	– Informação sobre empréstimos a pagar reconhecidos à data de relato:
	
	• Pormenores de quaisquer incumprimentos a nível de capital, juros, fundo consolidado ou condições para remição sobre esses empréstimos a pagar durante o período;
	
	• Valor contabilístico dos empréstimos a pagar em incumprimento à data de relato; e **
	
	• Se o incumprimento foi sanado ou os termos dos empréstimos a pagar renegociados antes da data em que as demonstrações financeiras foram aprovadas para emissão; **
	
	– Reconciliação das alterações na conta de abatimentos para perdas de crédito durante o período para cada classe de ativos financeiros, quando os ativos financeiros estão com

IAS/IFRS	INFORMAÇÃO A DIVULGAR
IFRS 7: Instrumentos financeiros – divulgações	imparidade por perdas de crédito e a entidade regista a imparidade numa conta separada, em vez de reduzir diretamente a quantia escriturada do ativo; *

– Existência de instrumentos que contenham tanto um componente de passivo como um componente de capital próprio e que tenham múltiplos derivados embutidos, cujos valores sejam interdependentes, se aplicável; * e

– Informação sobre rendimentos e gastos financeiros: *

- Ganhos líquidos ou perdas líquidas com:

  - Ativos financeiros ou passivos financeiros pelo justo valor através dos lucros ou prejuízos, mostrando separadamente os ativos financeiros ou passivos financeiros designados como tal no momento do reconhecimento inicial e os ativos financeiros ou passivos financeiros classificados como detidos para negociação;

  - Ativos financeiros disponíveis para venda, mostrando separadamente o valor de ganhos ou perdas reconhecido diretamente no capital próprio durante o período e o valor que foi retirado do capital próprio e reconhecido nos lucros ou prejuízos do período;

  - Investimentos detidos até à maturidade;

  - Empréstimos concedidos e contas a receber; e

  - Passivos financeiros mensurados pelo custo amortizado;

- Rendimentos de juros e gastos de juros dos ativos financeiros e passivos financeiros que não sejam mensurados pelo justo valor através dos lucros ou prejuízos;

- Rendimentos e gastos de honorários resultantes de:

  - Ativos financeiros ou passivos financeiros que não sejam mensurados pelo justo valor através dos lucros ou prejuízos; e

  - *Trusts* e outras atividades fiduciárias que impliquem a detenção ou o investimento de ativos em nome de indivíduos, *trusts*, planos de benefícios de reforma e outras instituições;

IFRS – DEMONSTRAÇÕES FINANCEIRAS – UM GUIA PARA EXECUTIVOS

IAS/IFRS	INFORMAÇÃO A DIVULGAR

IFRS 7: Instrumentos financeiros – divulgações	• Rendimento de juros de ativos financeiros com imparidade; e
	
	• Perda por imparidade para cada classe de ativo financeiro;
	
	– Informação sobre cobertura de risco:
	
	  • Informação geral separada para cada tipo de cobertura:
	
	    - Descrição da cobertura; **
	
	    - Descrição dos instrumentos financeiros designados como instrumentos de cobertura e os seus justos valores à data de relato; **
	
	    - Natureza dos riscos a serem cobertos; **
	
	    - Ganhos ou perdas sobre o instrumento de cobertura e sobre o elemento coberto atribuível ao risco coberto, para as coberturas de justo valor; **
	
	    - Ineficácia reconhecida nos lucros ou prejuízos decorrente das coberturas de fluxo de caixa; * e
	
	    - Ineficácia reconhecida nos lucros ou prejuízos decorrente das coberturas de investimentos líquidos em unidades operacionais estrangeiras; * e
	
	  • Informação relacionada com as coberturas dos fluxos de caixa:
	
	    - Períodos em que se espera que ocorram os fluxos de caixa e quando se espera que venham a afectar os lucros ou prejuízos; **
	
	    - Descrição de qualquer transação prevista relativamente à qual tenha sido previamente usada a contabilidade de cobertura, mas que já não se espera que ocorra; **
	
	    - Valor reconhecido no capital próprio durante o período; **
	
	    - Valor que foi removido do capital próprio e incluído nos lucros ou prejuízos do período, indicando o valor incluído em cada linha da demonstração dos resultados; ** e

IAS/IFRS	INFORMAÇÃO A DIVULGAR

IFRS 7: Instrumentos financeiros – divulgações	- Valor que foi removido do capital próprio durante o período e incluído nos custos iniciais ou outro valor contabilístico de um ativo não financeiro ou de um passivo não financeiro, cuja aquisição ou ocorrência fosse uma transação coberta prevista e altamente provável. *
	
	Informação qualitativa a divulgar sobre a natureza e extensão dos riscos resultantes de instrumentos financeiros, separadamente para cada tipo de risco *:
	
	– Exposição ao risco e a origem dos riscos;
	
	– Objetivos, políticas e procedimentos de gestão de risco e métodos utilizados para mensurar o risco; e
	
	– Quaisquer alterações nos elementos anteriores referentes ao período anterior.
	
	Informação quantitativa a divulgar sobre a natureza e extensão dos riscos resultantes de instrumentos financeiros: *
	
	– Para cada tipo de risco associado a instrumentos financeiros:
	
	  • Síntese quantitativa da sua exposição a esse risco no final do período de relato;
	
	  • Divulgações sobre risco de crédito, liquidez e mercado, na medida em que não tenham sido apresentadas no ponto anterior; e
	
	  • Concentrações de risco se não forem evidentes a partir dos pontos anteriores.
	
	– Para cada classe de instrumento financeiro:
	
	  • Valor que melhor representa a sua exposição máxima ao risco de crédito no final do período de relato sem ter em consideração quaisquer garantias colaterais detidas ou outros aumentos de crédito;
	
	  • Descrição das garantias colaterais detidas a título de caução e de outras melhorias da qualidade de crédito, bem como do respetivo efeito financeiro; e

IFRS – DEMONSTRAÇÕES FINANCEIRAS – UM GUIA PARA EXECUTIVOS

IAS/IFRS	INFORMAÇÃO A DIVULGAR

IFRS 7:
Instrumentos
financeiros
– divulgações
	• Informação acerca da qualidade de crédito de ativos financeiros que não estejam vencidos nem com imparidade;
	– Para cada classe de ativo financeiro:
	  • Análise da idade dos ativos financeiros vencidos no final do período de relato mas que não se encontram em imparidade; e
	  • Análise dos ativos financeiros considerados como estando em imparidade no final do período de relato, designadamente os factores que a entidade considerou na determinação dessa imparidade;
	– Para os ativos financeiros ou não financeiros obtidos durante o período e que satisfaçam os critérios de reconhecimento de outras normas, assumindo a posse de garantias que detém ou utilizando outras melhorias da qualidade de crédito:
	  • Natureza e valor contabilístico dos ativos obtidos; e
	  • Quando os ativos não sejam prontamente convertíveis em dinheiro, as suas políticas para alienação ou para utilização desses ativos nas suas operações; e
	– Informação sobre o risco de liquidez:
	  • Análise da maturidade dos passivos financeiros não derivados, incluindo contratos de garantia financeira emitidos, que indique as maturidades contratuais remanescentes;
	  • Análise da maturidade dos passivos financeiros derivados, incluindo as maturidades contratuais remanescentes;
	  • Descrição da forma como a entidade gere o risco de liquidez inerente aos passivos financeiros não derivados e derivados;
	  • Informação a divulgar se a entidade preparar uma análise de sensibilidade sobre o risco de liquidez:
	    - Análise de sensibilidade preparada pela entidade;
	    - Descrição do método utilizado na preparação dessa análise de sensibilidade, assim como dos principais

IAS/IFRS	INFORMAÇÃO A DIVULGAR
IFRS 7: **Instrumentos** **financeiros** **– divulgações**	critérios e pressupostos subjacentes aos dados fornecidos; - Explicação do objetivo do método utilizado e das limitações que podem resultar do facto de a informação não reflectir cabalmente o justo valor dos ativos e dos passivos envolvidos; e - Se a análise de sensibilidade divulgada não for representativa do risco inerente a um instrumento financeiro: indicação desta situação, bem como a razão pela qual a entidade entende que a análise de sensibilidade não é representativa. • Informação a divulgar se a entidade não preparar especificamente uma análise de sensibilidade sobre o risco de liquidez: - Análise de sensibilidade para cada tipo de risco de mercado ao qual esteja exposta à data de relato, que mostre a forma como os lucros ou prejuízos e o capital próprio teriam sido afectados por alterações na variável de risco relevante que fossem razoavelmente possíveis àquela data; - Métodos e pressupostos usados na preparação da análise de sensibilidade; e - Alterações introduzidas nos métodos e pressupostos utilizados face ao período anterior, bem como as razões dessas alterações.

| **IFRS 8:** **Segmentos** **operacionais**[32] | Informação a divulgar de natureza geral: *

– Factores utilizados para identificar os segmentos relatáveis da entidade, incluindo a forma como a mesma está organizada para efeito de relato interno; e

– Tipos de produtos e de serviços a partir dos quais cada segmento relatável obtém os seus réditos.

Informação a divulgar sobre os lucros ou prejuízos e sobre os ativos e passivos de cada segmento relatável: * |

[32] Este assunto não está contemplado no SNC (regime geral e pequenas entidades).

IFRS – DEMONSTRAÇÕES FINANCEIRAS – UM GUIA PARA EXECUTIVOS

IAS/IFRS	INFORMAÇÃO A DIVULGAR
	– Lucros ou prejuízos;
	– Total do ativo,
	– Total do passivo, se este valor for apresentado regularmente ao principal responsável pela tomada de decisões operacionais; e
	– Informação sobre os rendimentos e gastos incluídos na mensuração dos lucros ou prejuízos do segmento, desde que analisada pelo principal responsável pela tomada de decisões operacionais ou regularmente apresentada a este, e informação sobre os rendimentos e gastos não incluídos na mensuração dos lucros ou prejuízos do segmento mas que seja regularmente apresentada ao principal responsável pela tomada de decisões operacionais:
	• Réditos provenientes de clientes externos;
	• Réditos de transações com outros segmentos operacionais da mesma entidade;
	• Réditos de juros;
	• Gastos de juros;
	• Depreciações e amortizações;
	• Valores materiais de rendimentos e de gastos;
	• Interesses da entidade nos lucros ou prejuízos de associadas e de empreendimentos conjuntos, contabilizados pelo método da equivalência patrimonial;
	• Gasto ou rendimento de imposto; e
	• Rendimentos e gastos materiais que não impliquem fluxos de caixa e que não sejam depreciações e amortizações;
	– Informação sobre os ativos incluídos na mensuração dos ativos do segmento, desde que analisada pelo principal responsável pela tomada de decisões operacionais ou regularmente apresentada a este, e informação sobre os ativos não incluídos na mensuração dos ativos do segmento mas que seja regularmente apresentada ao principal responsável pela tomada de decisões operacionais:

IAS/IFRS	INFORMAÇÃO A DIVULGAR

IFRS 8:
Segmentos
operacionais
	• Adições aos ativos não correntes, exceto instrumentos financeiros;
	• Valor dos investimentos em associadas e empreendimentos conjuntos contabilizados pelo método da equivalência patrimonial;
	• Ativos por impostos diferidos;
	• Ativos líquidos de benefícios definidos; e
	• Direitos provenientes de contratos de seguro; e
	– Explicação da forma de mensuração dos lucros ou prejuízos e dos ativos e passivos do segmento, incluindo no mínimo:
	  • Regime de contabilidade de quaisquer transações entre segmentos relatáveis;
	  • Natureza de quaisquer diferenças entre a forma de mensuração dos lucros ou prejuízos do segmento relatável e dos lucros ou prejuízos da entidade, antes do gasto ou rendimento do imposto e antes dos lucros ou prejuízos de unidades operacionais descontinuadas;
	  • Natureza de quaisquer diferenças entre a forma de mensuração dos ativos dos segmentos relatáveis e dos ativos da entidade;
	  • Natureza de quaisquer diferenças entre a forma de mensuração dos passivos dos segmentos relatáveis e dos passivos da entidade;
	  • Natureza de quaisquer alterações, relativamente a períodos anteriores, nos métodos de mensuração utilizados para determinar os lucros ou prejuízos do segmento relatado e o eventual efeito dessas alterações na mensuração dos lucros ou prejuízos do segmento; e
	  • Natureza e o efeito de quaisquer imputações assimétricas a segmentos relatáveis.
	Reconciliações entre: *
	– O total dos réditos dos segmentos relatáveis e o rédito da entidade;

IAS/IFRS	INFORMAÇÃO A DIVULGAR
IFRS 8: **Segmentos operacionais**	– O total dos lucros ou prejuízos dos segmentos relatáveis e os lucros ou prejuízos da entidade antes do gasto ou rendimento de imposto e dos lucros ou prejuízos das unidades operacionais descontinuadas;
	– O total dos ativos dos segmentos relatáveis e os ativos da entidade;
	– O total dos passivos dos segmentos relatáveis e os passivos da entidade, se os passivos dos segmentos forem relatados; e
	– O total dos valores dos segmentos relatáveis respeitantes a quaisquer outras informações materiais divulgadas com os correspondentes valores da entidade.
	Outra informação a divulgar relativa ao conjunto da entidade: *
	– Réditos provenientes dos clientes externos para cada produto e serviço ou a cada grupo de produtos e serviços semelhantes, salvo se as informações necessárias não se encontrarem disponíveis e o custo da sua elaboração for excessivo;
	– Réditos provenientes de clientes externos atribuídos ao país de estabelecimento da entidade e atribuídos globalmente a todos os países estrangeiros de onde a entidade obtém réditos;
	– Base de atribuição dos réditos provenientes de clientes externos aos diferentes países;
	– Ativos não correntes, exceto instrumentos financeiros, ativos por impostos diferidos, ativos por benefícios pós--emprego e direitos provenientes de contratos de seguro localizados no país de estabelecimento da entidade e localizados em todos os países estrangeiros em que a entidade detém ativos; e
	– Grau da dependência da entidade relativamente aos seus principais clientes.

NOTAS

IAS/IFRS	INFORMAÇÃO A DIVULGAR
IFRS 12: Divulgação de interesses em outras entidades[33]	Informação sobre os juízos de valor e sobre os pressupostos significativos realizados pela entidade (incluindo alterações nos juízos de valor e nos pressupostos) para determinar se tem controlo sobre outra entidade, nomeadamente aqueles que a entidade realizou para determinar que: — Não controla uma entidade mesmo que possua mais de metade dos direitos de voto dessa entidade; — Controla outra entidade mesmo que possua menos de metade dos direitos de voto dessa entidade; ou — Atua como agente ou como principal * Informação sobre os juízos de valor e sobre os pressupostos significativos realizados pela entidade (incluindo alterações nos juízos de valor e nos pressupostos) para determinar se tem influência significativa sobre outra entidade, nomeadamente aqueles que a entidade realizou para determinar que: — Não tem influência significativa sobre uma entidade mesmo que possua 20% ou mais dos direitos de voto dessa entidade; ou — Tem influência significativa sobre outra entidade mesmo que possua menos de 20% dos direitos de voto dessa entidade. Informação sobre os juízos de valor e sobre os pressupostos significativos realizados pela entidade (incluindo alterações nos juízos de valor e nos pressupostos) para determinar que tem controlo conjunto de um acordo e para determinar o tipo de acordo conjunto (operação conjunta ou empreendimento conjunto) quando o acordo tiver sido estruturado através de um veículo separado. * Informação sobre participações em subsidiárias: — Informação sobre cada subsidiária que tem interesses que não controlam que são significativos para a entidade: * • Nome da subsidiária;

[33] Este assunto não está contemplado no SNC (pequenas entidades).

IFRS – DEMONSTRAÇÕES FINANCEIRAS – UM GUIA PARA EXECUTIVOS

IAS/IFRS	INFORMAÇÃO A DIVULGAR
IFRS 12: Divulgação de interesses em outras entidades	• Domicílio principal onde a subsidiária desenvolve as suas atividades e o país onde está sedeada, se for diferente; • Proporção do interesse na propriedade (e proporção dos direitos de voto, se diferente) detida pelos interesses que não controlam; • Lucros ou prejuízos do período atribuídos aos interesses que não controlam; • Interesses que não controlam acumulados no final do período; e • Informação financeira resumida sobre a subsidiária; – Informação sobre restrições significativas à capacidade da entidade para aceder ou utilizar ativos e liquidar passivos do grupo: [34] • Identificação das restrições; • Natureza e medida em que os direitos protetores dos interesses que não controlam podem restringir a capacidade da entidade para aceder ou utilizar ativos e liquidar passivos do grupo; e • Valor contabilístico dos ativos e passivos a que se aplicam essas restrições; – Informação sobre a natureza e os riscos associados a interesses de uma entidade em entidades estruturadas consolidadas: * • Termos de qualquer acordo contratual que possa exigir que a entidade mãe ou as suas subsidiárias proporcionam suporte financeiro a uma entidade consolidada estruturada, incluindo acontecimentos ou circunstâncias que possam expor a entidade informativa a uma perda; • Se durante o período de reporte a entidade mãe ou alguma das suas subsidiárias proporcionou apoio finan-

[34] O SNC (regime geral) refere que a entidade deve divulgar a natureza e a extensão de quaisquer restrições significativas sobre a capacidade das subsidiárias de transferirem fundos para a entidade mãe sob a forma de dividendos em dinheiro ou de reembolsarem empréstimos ou adiantamentos.

IAS/IFRS	INFORMAÇÃO A DIVULGAR
IFRS 12: **Divulgação de interesses em outras entidades**	ceiro ou outro a uma entidade estruturada consolidada, sem uma obrigação contratual para o fazer: o tipo e valor do apoio proporcionado e as razões para proporcionar este apoio;

- Se durante o período de reporte a entidade mãe ou alguma das suas subsidiárias proporcionou apoio financeiro ou outro a uma entidade estruturada não consolidada e esse apoio resultou no controlo da entidade estruturada: explicação dos fatores relevantes que conduziram a esta decisão; e

- Intenções correntes de proporcionar apoio financeiro ou outro a uma entidade estruturada consolidada, incluindo a intenção de assistir a entidade estruturada na obtenção de apoio financeiro; e

– Outras informações:

- Data de relato das demonstrações financeiras de uma subsidiária quando tais demonstrações financeiras forem usadas para preparar as demonstrações financeiras consolidadas e corresponderem a uma data de relato ou a um período diferente, e a razão para usar uma data de relato ou período diferente;

- Quadro que mostre os efeitos no capital próprio atribuível aos detentores da entidade mãe das alterações do seu interesse na propriedade de subsidiárias que não dê lugar à perda de controlo das mesmas; * e

- Ganho ou perda obtido com a perda de controlo de uma subsidiária e a parte desse ganho ou perda atribuível à mensuração da participação mantida na subsidiária pelo seu justo valor na data da perda de controlo, assim como os elementos dos lucros ou prejuízos em que se reconhece o ganho ou perda (se não for apresentado separadamente). *

Informação sobre participações em empreendimentos conjuntos e em associadas:

– Informação sobre cada acordo conjunto que seja significativo para a entidade:

IFRS – DEMONSTRAÇÕES FINANCEIRAS – UM GUIA PARA EXECUTIVOS

IAS/IFRS	INFORMAÇÃO A DIVULGAR

IFRS 12: Divulgação de interesses em outras entidades	• Nome e natureza da relação entre a entidade que informa e o acordo conjunto;
	
	• Domicílio principal onde o acordo conjunto desenvolve as suas atividades e o país onde está sedeada, se for diferente; * e
	
	• Proporção do interesse na propriedade (e proporção dos direitos de voto, se diferente) detida pela entidade;
	
	– Informação sobre cada associada que seja significativa para a entidade: *
	
	• Nome e natureza da relação entre a entidade que informa e a associada;
	
	• Domicílio principal onde o acordo conjunto ou a associada desenvolve as suas atividades e o país onde está sedeada, se for diferente; e
	
	• Proporção do interesse na propriedade (e proporção dos direitos de voto, se diferente) detida pela entidade;
	
	– Informação sobre cada empreendimento conjunto e cada associada que sejam significativos para a entidade:
	
	• Método usado na mensuração da participação financeira; *
	
	• Informação financeira resumida sobre o empreendimento conjunto[35] ou sobre a associada[36], incluindo no mínimo:
	
	  - Ativos correntes e não correntes;
	
	  - Passivos correntes e não correntes;
	
	  - Rédito;

[35] O SNC (regime geral) exige que um empreendedor que reconheça os seus interesses em entidades conjuntamente controladas usando o formato de relato linha a linha para a consolidação proporcional ou o método de equivalência patrimonial divulgue os valores agregados de cada um dos ativos correntes, dos ativos de longo prazo, dos passivos correntes, dos passivos de longo prazo, dos rendimentos e dos gastos relacionados com os seus interesses em empreendimentos conjuntos.

[36] O SNC (regime geral) exige a divulgação de informação financeira resumida das associadas, incluindo os valores agregados de ativos, passivos, rendimentos e resultados.

NOTAS

IAS/IFRS	INFORMAÇÃO A DIVULGAR

IFRS 12:
Divulgação de
interesses em
outras entidades
	- Lucros ou prejuízos das atividades em continuação;
	
	- Lucros ou prejuízos das atividades descontinuadas;
	
	- Outro rendimento integral;
	
	- Total do rendimento integral.
	
	- Dividendos recebidos do empreendimento conjunto ou da associada;
	
	- Caixa e equivalentes a caixa incluído nos ativos correntes;
	
	- Passivos financeiros correntes, excluindo contas a pagar comerciais e outras e provisões;
	
	- Passivos financeiros não correntes, excluindo contas a pagar comerciais e outras e provisões;
	
	- Depreciações e amortizações;
	
	- Rendimentos e gastos financeiros; e
	
	- Gasto ou rendimento por imposto,
	
	• Valor de mercado da participação no empreendimento conjunto* mensurado, ou na associada mensurada, ao método de equivalência patrimonial e para a qual há preços de mercado cotados;
	
	— Informação agregada sobre os investimentos em empreendimentos conjuntos que não são individualmente materiais: *
	
	  • Parte nos lucros ou prejuízos das atividades em continuação;
	
	  • Parte nos lucros ou prejuízos das atividades descontinuadas;
	
	  • Parte no outro rendimento integral; e
	
	  • Parte no total do rendimento integral;
	
	— Informação agregada sobre os investimentos em associadas que não são individualmente materiais: *
	
	  • Parte nos lucros ou prejuízos das atividades em continuação;
	
	  • Parte nos lucros ou prejuízos das atividades descontinuadas;

IFRS – DEMONSTRAÇÕES FINANCEIRAS – UM GUIA PARA EXECUTIVOS

IAS/IFRS	INFORMAÇÃO A DIVULGAR
IFRS 12: **Divulgação de interesses em outras entidades**	• Parte no outro rendimento integral; * e • Parte no total do rendimento integral; * – Natureza e alcance das restrições significativas à capacidade dos empreendimentos conjuntos* ou das associadas para transferir fundos para a entidade, sob a forma de pagamento de dividendos ou do reembolso de empréstimos; – Data de relato das demonstrações financeiras dos empreendimentos conjuntos* ou das associadas quando tais demonstrações financeiras forem usadas para aplicar o método de equivalência patrimonial e corresponderem a uma data de relato ou a um período diferente, e a razão para usar uma data de relato ou período diferente; – Parte não reconhecida nas perdas de um empreendimento conjunto* ou de uma associada, tanto para o período de relato como de forma acumulada, se a entidade tiver deixado de reconhecer a sua parte nas perdas de um negócio conjunto ou associada ao aplicar o método de equivalência patrimonial; – Compromissos relativos a negócios conjuntos, em separado dos restantes compromissos da entidade; e – Passivos contingentes incorridos em relação às participações em negócios conjuntos ou associadas (incluindo a participação nos passivos contingentes incorridos com outros investidores com controlo conjunto de, ou influência significativa sobre, empreendimentos conjuntos ou associadas), em separado do valor de outros passivos contingentes da entidade, a não ser que a probabilidade de perda seja muito remota. Informação sobre participações em entidades estruturadas não consolidadas: * – Informação qualitativa e quantitativa sobre os interesses da entidade em entidades estruturadas consolidadas incluindo, no mínimo, a natureza, o propósito, o tamanho, as atividades da entidade estruturada e a forma como a mesma é financiada; e

IAS/IFRS	INFORMAÇÃO A DIVULGAR

IFRS 12: Divulgação de interesses em outras entidades	– Se a entidade patrocinou uma entidade estruturada não consolidada na qual não tem uma participação financeira à data de relato:
	
	• Como a entidade determinou qual a entidade estruturada a patrocinar;
	
	• Rendimento da entidade estruturada durante o período de relato, incluindo uma descrição do tipo do rendimento apresentado; e
	
	• Valor contabilístico na data de transferência de todos os ativos transferidos para a entidade estruturada durante o período de relato;
	
	• Um sumário de:
	
	   – Valor contabilístico dos ativos e passivos reconhecidos nas demonstrações financeiras relacionados com interesses em entidades estruturadas não consolidadas;
	
	   – Linhas da demonstração da posição financeira nas quais os ativos e passivos estão reconhecidos;
	
	   – Valor que melhor representa a exposição máxima da entidade a perdas relativas aos seus interesses em entidades estruturadas não consolidadas, incluindo a forma como a exposição máxima às perdas é determinada; e
	
	   – Comparação do valor contabilístico dos ativos e passivos da entidade que se relaciona com os seus interesses em entidades estruturadas não consolidadas e a exposição máxima da entidade a perdas resultantes dessas entidades;
	
	• Se durante o período de reporte a entidade mãe ou alguma das suas subsidiárias proporcionou apoio financeiro ou outro a uma entidade estruturada não consolidada, sem uma obrigação contratual para o fazer: o tipo e valor do apoio proporcionado e as razões para proporcionar este apoio, e
	
	• Intenções correntes de proporcionar apoio financeiro ou outro a uma entidade estruturada não consolidada, incluindo a intenção de assistir a entidade estruturada na obtenção de apoio financeiro.

IFRS – DEMONSTRAÇÕES FINANCEIRAS – UM GUIA PARA EXECUTIVOS

IAS/IFRS	INFORMAÇÃO A DIVULGAR

IFRS 13: Mensuração ao justo valor[37]	Informação a divulgar para cada classe de ativos e passivos mensurados pelo justo valor após o reconhecimento inicial na demonstração da posição financeira:
	
	– Justo valor no fim do período de relato;
	
	– Justificação da mensuração ao justo valor, quando esta é não recorrente;
	
	– Nível da hierarquia do justo valor em que as mensurações pelo justo valor são categorizadas na sua totalidade;
	
	– Valor de transferências entre os níveis 2 e 3 da hierarquia do justo valor e justificação dessas transferências, para os ativos e passivos detidos no fim do período de relato;
	
	– Descrição da técnica de valorização e dos *inputs* usados na mensuração do justo valor, para as mensurações pelo justo valor categorizadas nos níveis 2 e 3, incluindo:
	
	  • Indicação e justificação da alteração da técnica de valorização, quando aplicável; e
	
	  • Informação quantitativa sobre os *inputs* não observáveis significativos usados na mensuração pelo justo valor, para as mensurações pelo justo valor categorizadas no nível 3;
	
	– Reconciliação entre os valores iniciais e finais das mensurações pelo justo valor categorizadas no nível 3, divulgando separadamente alterações ocorridas durante o período relativas a:
	
	  • Total dos ganhos ou perdas reconhecidos em lucros ou prejuízos e a linha da demonstração dos resultados em que esses ganhos ou perdas foram reconhecidos;
	
	  • Total dos ganhos ou perdas do período reconhecidos em outro rendimento integral e a linha do outro rendimento integral em que esses ganhos ou perdas foram reconhecidos;
	
	  • Aquisições, alienações, vendas, emissões e liquidações; e

[37] Esta norma não é diretamente comparável com o SNC e exige um conjunto de divulgações sobre o justo valor dos ativos e passivos, as quais não estão, regra geral, previstas no normativo nacional.

NOTAS

IAS/IFRS	INFORMAÇÃO A DIVULGAR

IFRS 13: Mensuração ao justo valor	• Valor de transferências para ou do nível 3 da hierarquia do justo valor (separadamente), razões para as transferências e a política da entidade para determinar quando uma transferência entre níveis deve ocorrer;
	
	– Valor do total dos ganhos ou perdas do período incluído nos lucros ou prejuízos atribuíveis a uma alteração dos ganhos ou perdas não realizados relacionados com ativos ou passivos detidos no fim do período de relato e a linha dos lucros ou prejuízos em que esses ganhos ou perdas não realizados foram reconhecidos, para as mensurações pelo justo valor recorrentes categorizadas no nível 3 da hierarquia do justo valor;
	
	– Descrição do processo de valorização usado pela entidade para as mensurações pelo justo valor categorizadas no nível 3 da hierarquia do justo valor; e
	
	– Outra informação sobre as mensurações pelo justo valor categorizadas no nível 3 da hierarquia do justo valor:
	
	  • Descrição narrativa da sensibilidade do justo valor a alterações nos *inputs* não observáveis, se uma alteração nesses *inputs* para um valor diferente resultar num aumento ou diminuição significativo do justo valor; e
	
	  • Indicação e efeito de uma alteração num ou mais *inputs* não observáveis relativos a ativos financeiros e passivos financeiros para refletir razoavelmente possíveis pressupostos alternativos que possam alterar significativamente o seu justo valor; e
	
	– Outra informação sobre as mensurações pelo justo valor: a maior e melhor utilização de um ativo não corrente e a razão pela qual o ativo não está a ser usado na maior e melhor utilização, se esta diferir da sua corrente utilização.
	
	Política adotada pela entidade para determinar quando uma transferência entre níveis da hierarquia do justo valor deve ocorrer.
	
	Informação a divulgar para cada classe de ativos e passivos não mensurados pelo justo valor na demonstração da posição financeira mas cujo justo valor é divulgado nas notas:

IFRS – DEMONSTRAÇÕES FINANCEIRAS – UM GUIA PARA EXECUTIVOS

IAS/IFRS	INFORMAÇÃO A DIVULGAR

IFRS 13:
Mensuração ao
justo valor
	– Nível da hierarquia do justo valor em que as mensurações pelo justo valor são categorizadas na sua totalidade;
	
	– Descrição da técnica de valorização e dos *inputs* usados na mensuração do justo valor, para as mensurações pelo justo valor categorizadas nos níveis 2 e 3, incluindo:
	
	  • Alteração, e justificação da alteração, da técnica de valorização, quando aplicável; e
	
	  • Informação quantitativa sobre os *inputs* não observáveis significativos usados na mensuração pelo justo valor, para as mensurações pelo justo valor categorizadas no nível 3; e
	
	– Outra informação sobre as mensurações pelo justo valor: a maior e melhor utilização de um ativo não corrente e a razão pela qual o ativo não está a ser usado na maior e melhor utilização, se esta diferir da sua corrente utilização.
	
	Existência de passivos financeiros mensurados pelo justo valor e emitidos com uma melhoria do risco de crédito por uma terceira entidade, indicando-se se esta melhoria está refletida no justo valor do passivo.

IFRIC 2: **Ações dos mem-** **bros em entidades** **cooperativas e** **instrumentos** **semelhantes**	Informação a divulgar quando uma alteração na proibição de remição de ações leva a uma transferência entre passivos financeiros e capital próprio: * – Valor da remissão; e – Tempestividade e razão da transferência.
IFRIC 5: **Direitos a interes-** **ses resultantes de** **fundos de desco-** **missionamento,** **restauro e reabi-** **litação ambiental**	Informação a divulgar por um contribuinte de um fundo de descomissionamento, restauro e reabilitação ambiental: * – Natureza do seu interesse num fundo e quaisquer restrições no acesso aos ativos do fundo; – Informação a divulgar quando um contribuinte tiver uma obrigação de fazer potenciais contribuições adicionais que não seja reconhecida como passivo: estimativa do seu efeito financeiro, indicação das incertezas que se relacio-

IAS/IFRS	INFORMAÇÃO A DIVULGAR
IFRIC 5: **Direitos a interesses resultantes de fundos de descomissionamento, restauro e reabilitação ambiental**	nam com o valor ou momento de ocorrência de qualquer saída de caixa e a possibilidade de qualquer reembolso; e – Informação a divulgar quando um contribuinte contabilizar o seu interesse no fundo como um reembolso (por não ter controlo, controlo conjunto ou influência significativa): valor do reembolso esperado e indicação de qualquer ativo que tenha sido reconhecido para esse reembolso esperado.

IAS/IFRS	INFORMAÇÃO A DIVULGAR
IFRIC 15: **Acordos para a construção de imóveis**	Informação a divulgar quando uma entidade reconhece o rédito usando o método da percentagem de acabamento: * – Forma como a entidade determina os acordos que satisfazem todos os critérios para o reconhecimento do rédito, continuamente e à medida que a construção vai progredindo; – Rédito resultante desses acordos reconhecido durante o período; e – Métodos usados para determinar a fase de acabamento dos acordos em curso. Informação a divulgar sobre os acordos em curso no fim do período de relato: * – Valor agregado dos custos incorridos e dos lucros reconhecidos até à data; e – Valor de adiantamentos recebidos.

IAS/IFRS	INFORMAÇÃO A DIVULGAR
IFRIC 17: **Distribuições aos proprietários de ativos que não são caixa**	Valor contabilístico dos dividendos a pagar no início e no fim do período de relato. * Aumento ou redução do valor contabilístico reconhecido no período como resultado de uma alteração no justo valor dos ativos a serem distribuídos. * Informação a divulgar após o fim de um período de relato mas antes de as demonstrações financeiras serem autorizadas para emissão quando uma entidade declarar como dividendo a distribuição de um ativo que não é caixa: *

IFRS – DEMONSTRAÇÕES FINANCEIRAS – UM GUIA PARA EXECUTIVOS

IAS/IFRS	INFORMAÇÃO A DIVULGAR
IFRIC 17: **Distribuições aos proprietários de ativos que não são caixa**	– Natureza do ativo a ser distribuído; – Valor contabilístico do ativo a ser distribuído no fim do período de relato; e – Justo valor do ativo a ser distribuído no fim do período de relato, se for diferente do seu valor contabilístico, bem como a informação sobre o método usado para mensurar esse justo valor.
IFRIC 19: **Extinção de passivos financeiros através de instrumentos de capital próprio**	Informação a divulgar sobre a extinção de passivos financeiros através de instrumentos de capital próprio, se não apresentada separadamente nos lucros ou prejuízos: lucros ou prejuízos resultantes da diferença entre o valor contabilístico do passivo financeiro extinto e a retribuição paga. *
SIC 27: **Avaliação da substância de transações que envolvam a forma legal de uma locação**	Informação a divulgar sobre os acordos que, em substância, não envolvam uma locação de acordo com a IAS 17: * – Descrição do acordo, incluindo o ativo subjacente e quaisquer restrições ao seu uso, a vida e outros termos significativos do acordo e as transações que estejam interrelacionadas, considerando também quaisquer opções; e – Tratamento contabilístico aplicado a qualquer remuneração recebida, o valor reconhecido como rendimento no período, e a linha da demonstração do rendimento integral em que ela esteja incluída.
SIC 29: **Divulgação – acordos de concessão de serviços**	Informação a divulgar sobre um acordo de concessão de serviços, por um operador de concessão e por um concedente: * – Descrição do acordo; – Termos significativos do acordo que possam afetar o valor, a tempestividade e a certeza de futuros fluxos de caixa; – Natureza e extensão de: direitos de usar ativos especificados, obrigações de proporcionar ou direitos de esperar fornecimentos de serviços, obrigações de adquirir ou construir ativos fixos tangíveis, obrigações de entregar ou

IAS/IFRS	INFORMAÇÃO A DIVULGAR
SIC 29: **Divulgação** **– acordos de** **concessão de** **serviços**	direitos a receber ativos especificados no final do período de concessão, opções de renovação e de cessação, e outros direitos e obrigações; e – Alterações no acordo que ocorreram durante o período.

7.2. Principais diferenças entre as IAS/IFRS e o SNC

As IAS/IFRS e o SNC apresentam algumas divergências no que respeita à informação a divulgar pelas entidades.

Algumas das informações exigidas pelas IAS/IFRS não estão contempladas no SNC e, em casos excecionais, informações exigidas pelo SNC não estão previstas ou são diferentes das previstas nas IAS/IFRS.

Além disso, algumas das informações exigidas simultaneamente pelas IAS/IFRS e pelo SNC (regime geral) não estão previstas no SNC (pequenas entidades).

O SNC (pequenas entidades) exclui do seu âmbito inúmeros assuntos que são contemplados simultaneamente pelas IAS/IFRS e pelo SNC (regime geral), não sendo assim exigidas as respetivas divulgações. Os assuntos não abordados no SNC (pequenas entidades) são os seguintes: demonstração dos fluxos de caixa, acontecimentos após o período de relato, contratos de construção, divulgação de partes relacionadas, demonstrações financeiras separadas, relato financeiro em economias hiperinflacionárias, resultado por ação, relato financeiro intercalar, imparidade de ativos , propriedades de investimento, agricultura, pagamento com base em ações, concentrações de atividades empresariais, ativos não correntes detidos para venda e unidades operacionais descontinuadas, exploração e avaliação de recursos minerais, segmentos operacionais, demonstrações financeiras consolidadas, acordos conjuntos e divulgação de interesses em outras entidades.

O SNC (pequenas entidades) é também menos exigente no que respeita ao número de divulgações a efetuar relativas aos assuntos contemplados especificamente neste normativo.

De modo a facilitar a identificação das informações exigidas por cada um dos normativos, o Quadro 7.1 apresentado anteriormente identifica com um asterisco (*) as informações que são exigidas pelas IAS/IFRS mas não pelo SNC e identifica com dois asteriscos (**) as informações que são exigidas simultaneamente pelas IAS/IFRS e pelo SNC (regime geral) mas não pelo SNC (pequenas entidades), apesar deste normativo contemplar o assunto em questão.

As situações excecionais em que o SNC exige uma divulgação que não está prevista ou que difere da que está prevista nas IAS/IFRS estão identificadas em nota de rodapé à informação incluída no Quadro 7.1.[38]

QUADRO 7.2. **Informação a divulgar – IAS/IFRS *versus* SNC**

ASSUNTO	IAS/IFRS	SNC GERAL	SNC PE
Informação a divulgar	Conjunto completo de informação.	Conjunto de informação com algumas diferenças para as IAS/IFRS, nomeadamente: – Informação não exigida; e – Informação diferente ou adicional.	Conjunto de informação com algumas diferenças para as IAS/IFRS e SNC (regime geral), nomeadamente: – Informação não exigida; e – Informação diferente ou adicional.

[38] O SNC exige a divulgação de informação sobre matérias ambientais, o que não se verifica especificamente nas IAS/IFRS. Estas informações não foram aqui consideradas em virtude do âmbito principal deste livro ser o normativo internacional.

8. Bibliografia

Aviso nº 15652/2009 de 7 de Setembro, publicado em *Diário da República, 2ª série – Nº 173 – 7 de Setembro de 2009.*

Aviso nº 15653/2009, de 7 de Setembro, publicado em *Diário da República, 2ª série – Nº 173 – 7 de Setembro de 2009.*

Aviso nº 15654/2009, de 7 de Setembro, publicado em *Diário da República, 2ª série – Nº 173 – 7 de Setembro de 2009.*

Aviso nº 15655/2009, de 7 de Setembro, publicado em *Diário da República, 2ª série – Nº 173 – 7 de Setembro de 2009.*

Decreto-Lei nº 158/2009, de 13 de Julho, publicado em *Diário da República, 1ª série – Nº 133 – 13 de Julho de 2009.*

International Accounting Standards Board, 2012, International Financial Reporting Standards.

Lei nº 20/2010, de 23 de Agosto, publicado em *Diário da República, 1ª série – Nº 163 – 23 de Agosto de 2010.*

Lei nº 35/2010, de 2 de Setembro, publicado em *Diário da República, 1ª série – Nº 171 – 2 de Setembro de 2010.*

Portaria nº 1011/2009, de 9 de Setembro, publicado em *Diário da República, 1ª série – Nº 175 – 9 de Setembro de 2009.*

Portaria nº 986/2009, de 7 de Setembro, publicado em *Diário da República, 1ª série – Nº 173 – 7 de Setembro de 2009.*